武功山
木本及草甸植物

Woody and Meadow Plants In Wugong Mountain

王伯民　潜伟平　主编

中国林业出版社

图书在版编目（CIP）数据

武功山木本及草甸植物 / 王伯民，潜伟平主编 . — 北京：中国林业出版社，2021.9

ISBN 978-7-5219-1287-6

Ⅰ . ①武… Ⅱ . ①王… ②潜… Ⅲ . ①木本植物 – 武功山②草甸 – 武功山 Ⅳ . ① S68 ② S812.3

中国版本图书馆 CIP 数据核字（2021）第 149182 号

策划、责任编辑：李　敏
电　　话：（010）83143575

出版发行　中国林业出版社
　　　　　（100009　北京西城区刘海胡同 7 号）
网　　址　http://www.forestry.gov.cn/lycb.html
制　　版　北京美光设计制版有限公司
印　　刷　河北京平诚乾印刷有限公司
版　　次　2021 年 9 月第 1 版
印　　次　2021 年 9 月第 1 次印刷
开　　本　889mm×1194mm　1/16
印　　张　24.5
字　　数　705 千字
定　　价　298.00 元

未经许可，不得以任何方式复制或抄袭本书之部分或全部内容。

版权所有　侵权必究

编委会

领导小组

组　　长：李小勇
副组长：廖铅生　刘文萍
成　　员：周若愚　易泉川　邹建春　王伯民　邓文睿

编写组

主　　编：王伯民　潜伟平
副 主 编：周德中　刘江华　刘文锋　戴强林　黎晓宇　陈　娟
　　　　　邓树波　彭辉武　彭芳检　胡明娇
编写人员（按姓氏笔画排序）：
　　　　　王竹益　王丽敏　王远军　王绍剑　文丽华　邓　莎
　　　　　甘艳萍　朱天文　朱菊发　刘小蒿　刘玉玲　刘四环
　　　　　刘会萍　刘志国　刘忠华　刘剑锋　江家贵　汤祥金
　　　　　杨　波　杨永兴　李　祥　李　涛　李　萍　李炳忠
　　　　　李德明　肖　强　邹诗蒙　宋怀芬　张　奇　张　晶
　　　　　张岚岚　陈　威　陈　建　陈丽娜　陈铃英　易金仁
　　　　　罗　强　周建清　周益丽　欧书丹　欧阳芳　欧阳莉
　　　　　胡建军　钟　丽　贺梅尔　徐增春　黄卫和　黄永浩
　　　　　彭婷婷　童秋霞　廖菲菲　熊江萍

前 言

武功山位于江西省西部的罗霄山脉北部支脉，山体呈东北—西南走向，为赣江水系（袁水、禾水）和湘江水系（萍水）的分水岭；主峰白鹤峰（金顶）海拔1918.3m。武功山脉跨江西省萍乡市芦溪县、吉安市安福县、宜春市袁州区三地，属中亚热带湿润季风气候区，自然植被保存较完整，是赣西森林植被的典型代表，如北坡的植被垂直分布依次是毛竹林（200～800m），常绿阔叶林（500～1300m），落叶—常绿阔叶林（1300～1600m），灌木林（1600～1700m），山地草甸（1600m以上）。

中华人民共和国成立之后，中国科学院植物研究所、江西农业大学等科研单位和高校的专家学者先后深入武功山地区进行植物研究工作，发现并发表了众多植物新种，如武功山冬青 Ilex wugonshanensis、安福槭 Acer shahgszeense var. anfuense、江西杜鹃 Rhododendron kiangsiense、武功山短枝竹 Gelidocalamus wugongshanensis、武功山阴山荠 Yinshania hui 及落叶木莲（华木莲）Manglietia decidua 等。据调查统计，武功山地区共有种子植物166科814属2079种，蕨类植物38科84属257种；其中古老孑遗植物较丰富，主要有南方红豆杉 Taxus wallichiana var. mairei、粗榧 Cephalotaxus sinensis、篦子三尖杉 Cephalotaxus oliveri、伯乐树 Bretschneidera sinensis、金缕梅 Hamamelis mollis 等。此外，分布有中国特有科4科，中国特有属23属，中国特有种728种，江西省特有种6种。

武功山自然条件优越，地形复杂，是我国南北植物区系扩散的重要通道，分布着丰富的植物资源，为江西森林植被的关键地区之一，起着江西植物区系地理的天然分异线的作用；武功山还分布着全球同纬度内中高海拔地区面积最大的山地草甸，其独特的地貌吸引着国内外众多游客前往观光游玩，是全国著名的户外运动营地，被誉为"云中草原、户外天堂"。目前，武功山拥有国家5A级旅游景区、国家级风景名胜区、国家地质公园、国家自然遗产、国家森林公园等5张国家级名片。

《武功山木本及草甸植物》的编著出版，是江西省萍乡市林业科学研究所长期以来对该地区调查研究的成果，1998至2000年期间，组织完成了以武功山为重点区域的全市植物资源考察，并在《江西林业科技》（专刊）（2002年第3期）发表了《萍乡市植物资源考察综合报告》《萍乡市种子植物区系研究》《萍乡市种子植物名录》《萍乡武功山林区的药用植物资源》《萍乡市文化生态旅游资源与开发》等学术论文；2007年，组织完成了江西省科技厅科技支撑项目"武功山生态环境保护与生态旅游发展的研究"；2013年，组织开展了第二次武功山植物资源专题考察；2015年，组织开展了武功山山地草甸植物资源调查，掌握了山地草甸木本和草本植物种类；2017年，在江西省第二次林木种质资源调查中，进一步对武功山地区的木本植物开展了深入的调查；经过20余年的调查研究，积累了较为丰富的武功山地区植物资源资料，为本书的编写奠定了坚实的基础。

《武功山木本及草甸植物》弥补了武功山地区植物多样性调查研究的空白，首次较为完整地揭示了武功山山地草甸植物多样性的构成。该书共收录了武功山地区主要的珍稀木本植物和山地草甸植物139科724种，对收录的每个物种的主要特征进行了规范描述，且配有多幅反映关键特征的彩图，图文并茂，简洁明了，方便读者阅读和理解，同时对每个物种的分布地和用途做了简要介绍，为武功山地区生物多样性保护和生产应用提供了参考资料；该书既满足了林业从业人员的专业需求，又可作为科研院所科研人员、大专院校师生的参考用书。

《武功山木本及草甸植物》的出版是在江西省萍乡市林业局历届领导重视支持下完成的，且得到了萍乡市林业资源监测中心、萍乡市林业发展服务中心和芦溪县林业局等单位专业技术人员的大力协作。江西省萍乡市林业科学研究所特聘专家赣南师范大学生命科学学院刘仁林教授在野外调查、标本鉴定和文稿审阅等方面提供了技术指导和部分植物照片。在此，编委会一并致以诚挚的感谢！

由于编者水平有限，书中难免会有不足和错误之处，敬请大家批评指正。

编著者

2020年10月9日

目 录

前 言

木本植物

银杏科……………………………2	山茱萸科…………………………99
松科………………………………2	八角枫科…………………………104
杉科………………………………4	蓝果树科…………………………105
柏科………………………………6	五加科……………………………106
罗汉松科…………………………7	金缕梅科…………………………113
三尖杉科…………………………8	旌节花科…………………………120
红豆杉科…………………………10	黄杨科……………………………121
木兰科……………………………12	虎皮楠科…………………………123
八角科……………………………21	杨柳科……………………………124
五味子科…………………………22	杨梅科……………………………125
番荔枝科…………………………23	桦木科……………………………126
樟科………………………………24	壳斗科……………………………127
蔷薇科……………………………39	胡桃科……………………………146
蜡梅科……………………………68	榆科………………………………148
苏木科……………………………69	桑科………………………………151
含羞草科…………………………73	杜仲科……………………………158
蝶形花科…………………………74	大风子科…………………………159
山梅花科…………………………82	瑞香科……………………………160
绣球花科…………………………83	山龙眼科…………………………161
鼠刺科……………………………88	海桐花科…………………………162
安息香科…………………………88	远志科……………………………163
山矾科……………………………93	椴树科……………………………165

梧桐科	166	楝科	243
杜英科	167	无患子科	244
古柯科	170	清风藤科	245
大戟科	171	漆树科	247
山茶科	179	槭树科	249
猕猴桃科	189	七叶树科	255
桤叶树科	192	省沽油科	255
杜鹃花科	194	伯乐树科	257
越橘科	203	醉鱼草科	257
藤黄科	206	木犀科	258
桃金娘科	207	夹竹桃科	261
野牡丹科	208	茜草科	262
冬青科	209	忍冬科	267
卫矛科	219	厚壳树科	271
檀香科	224	马鞭草科	271
胡颓子科	224	大血藤科	275
鼠李科	226	木通科	275
葡萄科	228	小檗科	278
紫金牛科	234	千屈菜科	279
柿树科	237	玄参科	280
芸香科	239	菝葜科	280
苦木科	242	棕榈科	281
金粟兰科	242	禾本科	282

草甸植物

金发藓科	288	景天科	295
紫萁科	288	虎耳草科	296
蕨科	289	茅膏菜科	297
卷柏科	289	石竹科	297
蹄盖蕨科	290	蓼科	299
水龙骨科	290	苋科	301
毛茛科	291	凤仙花科	302
防己科	293	柳叶菜科	303
十字花科	294	小二仙草科	304
堇菜科	295	葫芦科	305

野牡丹科	305	车前科	331
金丝桃科	307	桔梗科	332
绣球花科	308	玄参科	333
蔷薇科	308	苦苣苔科	333
蝶形花科	310	唇形科	335
荨麻科	311	鸭跖草科	338
葡萄科	312	百合科	339
芸香科	313	天南星科	342
伞形科	313	鸢尾科	344
萝藦科	316	薯蓣科	345
茜草科	317	兰科	345
败酱科	317	灯芯草科	347
菊科	318	莎草科	349
龙胆科	329	禾本科	352
报春花科	330		

参考文献 ·· 367

中文名索引 ·· 368

拉丁名索引 ·· 375

银杏科 Ginkgoaceae

银杏
Ginkgo biloba L.

落叶乔木,有长枝与短枝。叶扇形,有柄,在长枝上螺旋状着生,短枝上簇生。雌雄异株;雄球花为柔荑花序;雌球花具长梗,顶端二分叉,叉端生盘状珠座,各具1胚珠。种子核果状。武功山槽下村、三天门、明月山等地有分布;海拔500~1000m。用途:园林观赏;果入药。

松科 Pinaceae

南方铁杉
Tsuga chinensis var. *tchekiangensis* (Flous) Cheng et L. K. Fu

常绿乔木。叶枕凹槽有短毛;叶线形,先端凹,长0.6~2.7cm,宽0.2~0.3cm,下面有白色气孔带。球果下垂,卵圆形。花期4月,球果10月成熟。武功山观音宕、羊狮幕等地有分布;海拔1200m以上。用途:优质用材;园林绿化。在《Flora of China》中归并为:铁杉 *Tsuga chinensis* (Franch.) Pritz.。

黄山松
Pinus taiwanensis Hayata

常绿乔木。针叶2针一束，硬直，长5~11cm，树脂道中生。球果鳞盾肥厚隆起，横脊显著，鳞脐具短刺。花期4~5月，球果翌年10月成熟。武功山各地有分布；海拔1000m以上。用途：用材；松脂；矿柱木。

马尾松
Pinus massoniana Lamb.

与黄山松近似，但马尾松针叶较长12~20cm，较柔软微曲，树脂道边生。球果种鳞平，横脊微明显，鳞脐无刺。花期4~5月，球果翌年10~12月成熟。武功山各地有分布；海拔约800m以下。用途：用材；松脂；矿柱木等。

杉科 Taxodiaceae

水 杉
Metasequoia glyptostroboides Hu et Cheng

落叶乔木，小枝对生。叶交叉对生，排成二列，条形，长 0.8~3.5cm，宽 0.1~0.25mm。球果下垂，长 1.8~2.5cm，梗长 2~4cm；种鳞鳞顶扁菱形，中央有一条横槽。花期 2 月，球果 11 月成熟。武功山各地有栽培。用途：园林绿化。

日本柳杉
Cryptomeria japonica (L. f.) D. Don

常绿乔木。叶钻形，直伸，长 0.4~2cm，四面有气孔线。雄球花圆柱形，长 0.7cm。球果苞鳞尖头和种鳞先端的裂齿较长 0.6cm 以上。花期 4 月，球果 10 月成熟。萍乡武功山中庵、九龙山、明月山等地有栽培。用途：用材；行道树。

水松
Glyptostrobus pensilis (Staunt.) Koch

半常绿乔木。叶多型，有鳞形叶，长约0.2cm；条形叶，长1～3cm，宽0.1～0.4cm；条状钻形叶，长0.4～1.1cm。球果倒卵圆形，长2～2.5cm，径1.3～1.5cm；种鳞平扁、木质，先端具多刺。花期1～2月，球果秋后成熟。武功山地区农田边等有分布；海拔1000m以下。用途：农田防护林；河流等护岸植物。

池杉
Taxodium ascendens Brongn.

半常绿乔木。树干基部膨大，具屈膝状的呼吸根；树皮纵裂；1年生小枝绿色、下弯。叶为长而柔软的锥形或短锥形叶，不排成二列，微内曲；下部通常贴近小枝，基部下延，长0.4～1cm，每边有2～4条气孔线。球果球形，有短梗，下垂，直径1.8～3cm；种鳞木质，盾形，中部种鳞高1.5～2cm；种子红褐色。花期3～4月，球果10月成熟。武功山等地的田岸有分布；海拔600m以下。用途：湿地树种，可作护堤、护岸林。在《Flora of China》中拉丁学名已修改为：*Taxodium distichum* var. *imbricatum* (Nutt.) Croom。

柏科 Cupressaceae

柏 木
Cupressus funebris Endl.

常绿乔木。小枝下垂，鳞叶小枝扁，排成一平面，两面同型。鳞叶二型，幼苗或萌枝叶刺状，3~4枚轮生；成长枝的叶鳞形，交叉对生，中央之叶背部具条状腺点。球果圆形，种鳞顶端有尖头。花期3~5月，球果翌年5~6月成熟。武功山各地有分布；海拔550m以下。用途：水土保持；园林绿化。

刺 柏
Juniperus formosana Hayata

常绿乔木。小枝下垂，三棱形。叶三叶轮生，条状刺形，长1.2~2cm，宽0.12~0.2cm。雄球花圆球形。球果近球形，被白粉。武功山羊狮幕等地有分布；海拔600m以下。用途：水土保持；园林绿化。

福建柏
Fokienia hodginsii (Dunn) Henry et Thomas

常绿乔木。鳞叶2对交叉对生，成节状，中央之叶上面蓝绿色，中央之叶及侧面之叶下面有粉白色气孔带。雌雄同株，雄球花近球形。球果近球形。花期3~4月，种子翌年10~11月成熟。武功山羊狮幕等地有分布；海拔650~1700m。用途：优质用材；园林绿化。

罗汉松科 Podocarpaceae

竹柏
Nagieia nagi (Thunberg) Kuntze

常绿乔木。叶对生，排成两列，长3.5~9cm，宽1.5~2.5cm，无中脉。雄球花成穗状，单生叶腋；种子球形。花期3~5月，种子10~11月成熟。武功山地区有栽培；海拔500m以下。用途：园林观赏。

罗汉松
Podocarpus macrophyllus (Thunb.) D. Don

乔木。叶螺旋状着生，条状披针形，长 7～12cm，宽 7～10mm，中脉显著隆起。雄球花穗状、腋生，常 3～5 个簇生于极短的总梗上，基部有数枚三角状苞片；雌球花单生叶腋，有梗，基部有少数苞片。种子卵圆形，熟时肉质假种皮紫黑色，有白粉，种托肉质圆柱形，红色或紫红色，柄长 1～1.5cm。花期 4～5 月，种子 8～9 月成熟。武功山地区有栽培。用途：园林观赏。

三尖杉科 Cephalotaxaceae

三尖杉
Cephalotaxus fortunei Hook. f.

常绿乔木。叶长 5～10cm，宽 0.3～0.5cm，柔软下弯。雌球花花梗长 1.5～2cm；种子长圆形，长 2～2.5cm，假种皮紫红色，顶端具小尖头。花期 3～4 月，种子翌年 8～10 月成熟。武功山各地均有分布；海拔 400～1200m。用途：园林观赏；皮、果入药。

宽叶粗榧
Cephalotaxus sinensis var. *latifolia* Cheng et L. K. Fu

常绿小乔木，高1.5～3m。叶条形，二列，长2～5cm，宽1～1.5cm，先端渐尖，基部近圆形，叶柄极短（0.3cm以下）；叶下面有2条白色气孔带，较绿色边带宽。雄球花头状聚生枝顶。种子卵圆形，长1.8～2.5cm。花期3～4月，种子8～10月成熟。武功山中庵至金顶路边、羊狮幕等地有分布；海拔1500～1800m。用途：皮、果入药。宽叶粗榧与粗榧的主要区别为：宽叶粗榧的小枝粗壮、较挺直，叶较宽厚（5～6mm），先端常急尖，叶背面边缘向下反曲。在《Flora of China》中拉丁学名已修改为：*Cephalotaxus latifolia* W. C. Cheng & L. K. Fu ex L. K. Fu et al.

篦子三尖杉
Cephalotaxus oliveri Mast.

常绿灌木。叶条形，排列紧密，长1.5～3.2cm，宽0.3～0.45cm，先端针刺状。叶下面白色气孔带较绿色边带宽1～2倍。雄球花聚生头状花序。种子倒卵圆形，长约2.7cm，顶端中央有小凸尖。花期3～4月，种子8～10月成熟。武功山大江边、龙山、羊狮幕等地有分布；海拔450～900m。用途：园林观赏；皮、果入药。

红豆杉科 Taxaceae

南方红豆杉
Taxus chinensis var. *mairei* (Lemeé et Lévl.) Cheng et L. K. Fu

常绿乔木。叶排列成二列，镰刀状弯曲，长2～4cm，宽0.3～0.5cm，中脉上面凸起，下面具两条淡绿色气孔带。种子生于杯状红色肉质的假种皮中。武功山各地均有分布，海拔350～1000m。用途：园林观赏；优质用材；果、皮入药。在《Flora of China》中拉丁学名已修改为：*Taxus wallichiana* var. *mairei*（Lemeé & H. Léveillé）L. K. Fu & Nan Li。

红豆杉
Taxus chinensis (Pilger) Rehd.

常绿乔木。叶排列成两列，条形，微弯或较直，长1.5～2.3cm，宽0.2～0.4cm，先端尖刺状，叶下面有两条淡黄色气孔带，中脉密生突起点。种子生于杯状红色肉质的假种皮中。武功山观音宕有分布；海拔1000～1400m。用途：园林观赏；果、树皮入药。在《Flora of China》中拉丁学名已修改为：*Taxus wallichiana* var. *chinensis*（Pilger）Florin。

白豆杉
Pseudotaxus chienii (Cheng) Cheng

常绿灌木。叶条形，排列成二列，较直，长1.5～2.5cm，宽0.25～0.45cm，先端凸尖；叶下面两条白色气孔带。种子卵圆形，成熟时肉质杯状假种皮白色。花期3月下旬至5月，种子10月成熟。武功山观音宕有分布；海拔1200m以上。用途：果、皮入药。

穗花杉
Amentotaxus argotaenia (Hance) Pilger

常绿小乔木。叶基部扭转成二列，条状披针形，长3～10cm，宽0.6～1.2cm。白色气孔带较宽。种子椭圆形，成熟时假种皮鲜红色。花期4月，种子10月成熟。武功山红岩谷等地有分布；海拔400～1200m。用途：园林观赏；果、树皮入药。

木兰科 Magnoliaceae

鹅掌楸
Liriodendron chinense (Hemsl.) Sargent.

落叶乔木。枝、叶无毛。叶马褂状，长6～14cm，叶柄长4～8cm。花被片9片：外轮3片绿色，萼片状；内两轮6片、直立，花瓣状。花期5月，果期9～10月。武功山地区有栽培。用途：园林观赏。

木 莲
Manglietia fordiana Oliv.

常绿乔木。嫩枝、芽和叶背有褐色短毛。叶长8～17cm，宽2.5～5.5cm；叶柄长1～3cm，托叶痕长0.3～0.4cm。花顶生，总花梗长0.6～1.1cm；花被片白色，3轮，每轮3片。花期5月，果期10月。武功山各地有分布；海拔300～800m。用途：用材；树皮和花入药；园林观赏。

乳源木莲
Manglietia yuyuanensis Law

常绿乔木。嫩枝、芽和叶背被短毛。叶长 8～20cm，宽 2.5～4cm；中脉平坦或凹；托叶痕长 0.3～0.4cm。花顶生，花梗长 1.5～2cm；花被片 9 片，3 轮，外轮 3 片。花期 5 月，果期 9～10 月。武功山各地有分布；海拔 600～900m。用途：园林观赏。在《Flora of China》中归并为：木莲。

落叶木莲（华木莲）
Manglietia dccidua Q. Y. Zheng

落叶乔木。芽、枝、叶无毛；顶芽常具淡白粉。叶长 14～20cm，宽 3～4.5cm；叶面网脉和侧脉不清晰，叶背常被淡白粉（幼叶尤为明显）；叶柄长 2.5～5cm。花梗长约 1cm；花黄色，花被片长椭圆状披针形，15～16 片；雄蕊长 0.6～0.8cm，雌蕊群长约 1cm；心皮 15～22 个，每心皮 6～8 枚胚珠。聚合蓇葖果卵状近球形，长 4.7～7cm。分布于宜春明月山；海拔 500～900m。用途：园林观赏。

凹叶木兰
Magnolia sargentiana Rehd. et Wils.

落叶乔木。叶长 9~19cm，宽 4.5~9cm，先端凹缺或凹陷处具短尖，叶下面密被柔毛；叶柄长 2~4.5cm，托叶痕为叶柄长 1/6~1/4。芽被淡长毛，花被片淡红色 10~17 片，3 轮。花期 4~5 月，果期 9 月。萍乡广寒寨有分布；海拔 300~850m。用途：优良用材；花可入药；园林观赏。在《Flora of China》中已修改为：凹叶玉兰 *Yulania sargentiana* (Rehder & E. H. Wilson) D. L. Fu。

厚朴
Magnolia officinalis Rehd. et Wils.

落叶乔木。树皮褐色，顶芽无毛。叶长 22~45cm，宽 10~24cm，无毛，叶下被灰色柔毛，有白粉；托叶痕长为叶柄的 2/3。花直径 10~15cm，花梗被长柔毛，花被片 9~17 片，外轮长 8~10cm，宽 4~5cm，内两轮长 8~8.5cm，宽 3~4.5cm，最内轮 7~8.5cm。花期 5~6 月，果期 8~10 月。武功山羊狮幕路上等地有分布；海拔 300~1400m。用途：树皮、根皮、花、种子及芽可入药；优良用材；园林观赏。

凹叶厚朴
Magnolia officinalis subsp. *biloba* (Rehd. et Wils.) Law

本亚种与厚朴的区别是：凹叶厚朴叶先端凹缺，成2钝圆的浅裂片。花期4~5月，果期10月。武功山各地有分布；海拔800~1000m。用途：树皮、种子可入药。在《Flora of China》中归并为：厚朴。

天女木兰
Magnolia sieboldii K. Koch

落叶小乔木，当年生小枝初被毛。叶长6~15cm，宽4~9cm，基部平截或近心形，下面被毛，中脉及侧脉被绢毛，侧脉每边6~8条；叶柄长1~4cm；托叶痕为叶柄长的1/2。花白色；花被片9片，3轮；雄蕊紫红色。聚合果熟时红色。花期6~7月，果期12月。武功山观音宕、二级索道、九龙山等地有分布；海拔1100~1500m。用途：园林观赏；花含香精。在《Flora of China》中拉丁学名已修改为：*Oyama sieboldii* (K. Koch) N. H. Xia & C. Y. Wu。

玉兰（白玉兰）
Magnolia denudata Desr.

落叶乔木。冬芽及花梗密被长毛。叶长 10～18cm，宽 6～10cm，叶脉及叶柄被毛，长 1～2.5cm，托叶痕为叶柄长的 1/4～1/3。花被片 9 片，基部有时带粉红色。聚合果蓇葖厚木质。花期 2～3 月，果期 8～9 月。武功山各地有分布；海拔 800～1200m。用途：园林观赏；花含香精。在《Flora of China》中拉丁学名已修改为：*Yulania denudata* (Desr.) D. L. Fu。

黄山木兰
Magnolia cylindrica Wils.

落叶乔木。嫩枝、叶柄、叶背被平伏毛。叶长 6～14cm，宽 2～5（6.5）cm，叶两面近无毛；托叶痕为叶柄长的 1/6～1/3。花先叶开放，花被长毛；花梗长 1～1.5cm，花被片 9 片，外轮 3 片。花期 5～6 月，果期 8～9 月。武功山红岩谷顶等地有分布；海拔 1000～1600m。用途：园林观赏；花含香精。

荷花玉兰（广玉兰）
Magnolia grandiflora L.

常绿乔木。小枝具横隔的髓心；小枝、芽、叶下面、叶柄均密被褐色或灰褐色短绒毛。叶厚革质，长10～20cm，宽4～7cm，叶面有光泽；叶柄长1.5～4cm，无托叶痕。花白色，直径15～20cm；花被片9～12片；雌蕊群椭圆形，密被绒毛。武功山各地有栽培。用途：园林观赏；花含香精。

金叶含笑
Michelia foveolata Merr. ex Dandy

常绿乔木。芽、幼枝、叶柄、花梗密被红褐色短绒毛。叶长17～23cm，无托叶痕。花被片9～12片，淡黄绿色，基部带紫色；雄蕊约50枚，花丝深紫色；雄蕊群柄长1.7～2cm，被银灰色短绒毛。每个心皮胚珠约8枚。聚合果长7～20cm。花期3～5月，果期9～10月。武功山谭家坊、高天岩等地有分布；海拔800～1400m。用途：园林观赏。

深山含笑
Michelia maudiae Dunn

乔木。各部均无毛；树皮浅灰色或灰褐色；芽、嫩枝、叶、苞片均被白粉。叶长7~18cm，宽3.5~8.5cm，侧脉每边7~12条；叶柄长1~3cm；无托叶痕。花梗具3环状苞片脱落痕，佛焰苞状苞片淡褐色，长约3cm；花被片9片。花期2~3月，果期9~10月。武功山各地有分布；海拔500~1000m。用途：优良用材；园林观赏；药用。

乐昌含笑
Michelia chapensis Dandy

乔木。树皮灰色至深褐色；小枝无毛或嫩时节上被灰色微柔毛。叶长6.5~16cm，宽3.5~7cm，叶柄长1.5~2.5cm，无托叶痕。花梗长0.4~1cm，被平伏灰色微柔毛，具2~5苞片脱落痕；花被片6片，2轮。花期3~4月，果期8~9月。武功山各地有分布；海拔500~1000m。用途：园林观赏；用材。

紫花含笑
Michelia crassipes Law

常绿小乔木。芽、嫩枝、叶柄、花梗均密被红褐色或黄褐色长绒毛。叶长 7~13cm，宽 2.5~4cm，上面无毛具光泽，下面脉上被长柔毛；叶柄长 0.2~0.4cm；托叶痕达叶柄顶端。花梗长 0.3~0.4cm，花被片 6 片；雌蕊群不超出雄蕊群，雌蕊群柄长约 0.2cm。花期 4~5 月，果期 8~9 月。武功山水山村、大龙村、红星村等地有分布；海拔 400~900m。用途：园林观赏。

野含笑
Michelia skinneriana Dunn

常绿乔木。芽、嫩枝、叶柄、叶背中脉及花梗均密被褐色长柔毛。叶长 5~14cm，宽 1.5~4cm，叶柄长 0.2~0.4cm。花梗细长，花被片 6 片，外轮 3 片基部被褐色毛。花期 5~6 月，果期 8~9 月。武功山各地有分布；海拔 400~900m。用途：园林观赏。

含笑花
Michelia figo (Lour.) Spreng.

常绿灌木。芽、嫩枝，叶柄，花梗均密被黄褐色绒毛。叶长 4～10cm，宽 1.8～4.5cm，下面中脉有平伏毛；叶柄长 0.2～0.4cm；托叶痕长达叶柄顶端。花淡黄色，花被片 6 片；雌蕊群超出雄蕊群；雌蕊群柄长 0.6cm。花期 3～5 月，果期 7～8 月。武功山各地有栽培；海拔 500m 以下。用途：园林观赏；花含香精。

观光木
Tsoongiodendron odorum Chun

常绿乔木。小枝、芽、叶柄、叶上面中脉、叶下面及花梗均被伏毛。叶长 8～17cm，宽 3～6cm；叶柄长 1.2～2.5cm；托叶痕达叶柄中部。花两性；花被片 9 片，3 轮；雌蕊群不伸出雄蕊群，具柄，部分心皮联合，基部与中轴愈合。蓇葖合生成柱状聚合果；果瓣自中轴脱落。花期 3 月，果期 10～12 月。武功山有栽培；海拔 300～800m。用途：园林观赏；优良用材。在《Flora of China》中拉丁学名已修改为：*Michelia odora* (Chun) Nooteboom & B. L. Chen。

八角科 Illiciaceae

假地枫皮
Illicium jiadifengpi B. N. Chang

常绿小乔木。枝叶无毛。叶聚生枝顶，长 7～16cm，宽 2～4.5cm，基部下延；中脉在叶面明显凸起；叶柄长 1.5～3.5cm。花梗长 2～3cm；花被白色或浅黄色；花被片 34～55 片；雄蕊 28～32 枚，蓇葖 12～14 枚，顶端有上弯尖头。花期 3～5 月，果期 8～10 月。武功山红岩谷、福星谷、羊狮幕等地有分布；海拔 900～1500m。用途：园林观赏；果、皮有毒。

红毒茴（莽草，披针叶茴香）
Illicium lanceolatum A. C. Smith

常绿小乔木。枝、叶无毛。叶长 5～15cm，宽 2～4.5cm，中脉叶面凹陷。花腋生红色；花被片 10～15 片肉质；雄蕊 6～11 枚。蓇葖 10～14 枚，顶端有弯钩状尖头。花期 4～6 月，果期 8～10 月。武功山中庵、红岩谷等地有分布；海拔 600～1000m。用途：园林观赏；果、树皮有毒，入药或作农药。

五味子科 Schisandraceae

黑老虎
Kadsura coccinea (Lem.) A. C. Smith

藤本。全株无毛。叶长7～18cm，宽3～8cm，全缘；叶柄长1～2.5cm。花单生于叶腋，雌雄异株。聚合果近球形。花期4～7月，果期7～11月。武功山各地有分布；海拔500～1200m。用途：园林藤本植物；根药用；果味甜可食。

南五味子
Kadsura longipedunculata Finet et Gagnep.

藤本。全株无毛。叶长5～13cm，宽2～6cm，叶柄长0.6～2.5cm。花被片8～17片，中轮最大1片，长0.8～1.3cm，宽0.4～1cm；花托不凸出雄蕊群外；雄蕊群球形，花梗长0.7～4.5cm；雌花花梗长3～13cm。花期6～9月，果期9～12月。武功山各地有分布；海拔500～1000m。用途：园林藤本植物；根、茎、果药用。

华中五味子
Schisandra sphenanthera Rehd. et Wils.

落叶藤本。无毛或叶背脉上有稀疏细柔毛。叶长 5~11cm，宽 3~7cm，花被片 5~9 片，近相似，中轮的长 0.6~1.2cm，宽 0.4~0.8cm，具缘毛，背面有腺点。花期 4~7 月，果期 7~9 月。武功山各地有分布；海拔 600~1200m。用途：园林藤本；果、茎药用。

番荔枝科 Annonaceae

瓜馥木
Fissistigma oldhamii (Hemsl.) Merr.

常绿攀缘灌木。小枝被柔毛。叶长 6~12.5cm，宽 2~5cm，顶端圆形或微凹，叶背被短毛，侧脉整齐，每边 16~20 条。总花梗长约 2.5cm。果球形密被绒毛。花期 4~9 月，果期 7 月至翌年 2 月。武功山各地有分布；海拔 400~1200m。用途：茎皮造纸；花是香精原料；根药用；果可食用。

樟科 Lauraceae

新木姜子
Neolitsea aurata (Hayata) Koidz.

常绿乔木。芽、枝被短毛。叶革质，集生枝顶或轮生，离基三出脉，叶长 7.5~12.5cm，宽 2.5~4cm，先端短渐尖，背面被毛；叶柄长 0.8~1.2cm，具短毛。核果椭圆形，总梗极短或无总梗。武功山各地有分布；海拔 600~1000m。用途：根入药；园林绿化。

新宁新木姜子
Neolitsea shingningensis Yang et P. H. Huang

常绿灌木。树皮黑褐色，平滑。小枝黄褐色，顶芽圆鳞片外被丝状短柔毛。叶互生，上面绿色，有光泽，下面灰白色，离基三出脉。伞形花序 2~3 个簇生枝侧；苞片 4 枚，外面有短柔毛；每一花序有雄花 5 朵；花梗有长柔毛；花被裂片 4，外面中肋有柔毛，内面无毛。核果。花期 3~4 月，果期 9~10 月。武功山草甸沟谷有分布；海拔 1200~1800m。用途：园林绿化。

大叶新木姜子
Neolitsea levinei (Hayata) Koidz.

常绿乔木。枝、叶幼时被毛，老时脱落。叶轮生，矩圆状披针形。长15～31cm，宽4.5～9cm，叶下面被厚白粉，离基三出脉；叶柄有毛。伞形花序。果椭圆形，成熟时黑色。花期3～4月，果期8～10月。武功山红岩谷、羊狮幕等地有分布；海拔500～1000m。用途：根入药；园林绿化。

簇叶新木姜子
Neolitsea confertifolia (Hemsl.) Merr.

常绿乔木。枝、叶无毛。叶簇生枝顶，长5～10cm，宽2～3.2cm；叶背粉白色；叶柄长0.2～0.5cm。伞形花序簇生叶腋或节间，近无总梗。果卵形，成熟时蓝黑色。花期4～5月，果期9～10月。武功山万龙山乡坪垅至羊狮幕路上等地有分布；海拔1100m。用途：种子榨油；园林绿化。

鸭公树
Neolitsea chuii Merr.

常绿乔木。除花序外其余无毛。叶互生或聚生枝顶，椭圆形，长 8～46cm，宽 2.7～9cm，离基三出脉，三出脉靠叶缘一侧无平行的支脉或很不明显。伞形花序腋生或侧生；果椭圆形。花期 9～10 月，果期 12 月。武功山各地有分布；海拔 350～600m。用途：果核榨油；园林绿化。

山苍子
Litsea cubeba (Lour.) Pers.

落叶灌木。除幼枝外全体无毛。叶长 5～10cm，宽 1.6～2.5cm，先端急尖或渐尖，基部楔形，背面苍白色；叶柄长 0.6～1.2cm。单性花，雌雄异株；花黄色，先开花后开叶。核果球形，黑色。武功山各地有分布；海拔 300～1000m。用途：叶入药；园林绿化。

圆叶豹皮樟

Litsea rotundifolia var. *oblongifolia* (Nees)Allen

常绿乔木。叶散生，宽卵圆形至近圆形，长 2.2～4.5cm，宽 1.5～4cm，先端短渐尖，两面无毛，羽状脉，叶柄初时有柔毛，后变无毛。伞形花序常 3 个簇生叶腋，几无总梗。果球形，成熟时灰蓝黑色。花期 8～9 月，果期 9～11 月。武功山各地有分布；海拔 600～1000m。用途：园林绿化。在《Flora of China》中已修改为：圆叶豺皮樟 *Litsea rotundifolia* Hemsl.。

豹皮樟

Litsea coreana var. *sinensis* (Allen) Yang et P. H. Huang

常绿乔木。仅叶柄具短毛。叶片长圆形，长 6～10cm，宽 2～4cm，先端多急尖，基部楔形或钝，沿中脉有柔毛，叶背粉绿色无毛；叶柄长 1～1.5cm。伞形花序腋生。果近球形。花期 8～9 月，果期翌夏。武功山各地有分布；海拔 600～1000m。用途：根茎可入药；园林绿化。

毛豹皮樟
Litsea coreana var. *lanuginosa* (Migo) Yang et P. H. Huang

常绿乔木。叶柄、叶背均被毛；叶长圆形，长 5.5～10cm，宽 2～4.5cm；叶柄长 1～2.2cm。伞形花序腋生。果近球形。花期 8～9 月，果期翌年夏季。武功山各地有分布；海拔 600～1000m。用途：叶可作茶叶；园林绿化。

黄丹木姜子
Litsea elongata (Wall. ex Nees) Benth. et Hook. f.

常绿乔木。枝、叶柄、叶背具毛；叶互生；长圆形，长 10～18cm，宽 2～5cm，先端渐尖或长渐尖；羽状脉，叶背网脉明显。伞形花序单生，总梗较粗短，密被褐色绒毛。果长球形，成熟时黑紫色。花期 5～11 月，果期 2～6 月。武功山各地有分布；海拔 600～1000m。用途：园林绿化。

山胡椒
Lindera glauca (Sieb. et Zucc.) Blume

落叶灌木。幼枝被毛,小枝"之"字形。叶厚草质,矩圆形,长4~8cm,宽2~4cm,全缘;叶背被毛,叶柄具毛。果球形,黑色。武功山各地有分布;海拔150~1000m。用途:根、枝、叶、果供药用;园林绿化。

红果山胡椒
Lindera erythrocarpa Makino

落叶乔木或灌木。叶互生,倒披针形,长6~12cm,宽2.5~4cm;基部狭楔形,常下延,下面近无毛,网脉不明显。伞形花序。果球形,熟时红色,果托不明显扩大。花期4月,果期9~10月。武功山尽心桥、水山村等地有分布;海拔600~900m。用途:园林绿化。

山橿（钓樟）
Lindera reflexa Hemsl.

落叶乔木或灌木。叶互生；宽卵圆形，宽3.5cm以上，长5～12cm，先端渐尖；叶下面带绿苍白色，被白色柔毛，后脱落成几无毛；羽状脉。伞形花序。果球形，熟时红色，果梗无皮孔，被疏柔毛。花期4月，果期8月。武功山各地有分布；海拔200～1000m。用途：根入药；园林绿化。

三桠乌药
Lindera obtusiloba Blume

落叶乔木或灌木。叶互生；近圆形，长5～10cm，宽4～9cm，全缘或3裂，三出脉；叶背有时带淡红色近无毛，叶柄被黄白色柔毛。果广椭圆形，成熟时红色，后变紫黑色。花期3～4月，果期8～9月。武功山观音宕、羊狮幕、明月山等地有分布；海拔1100m以上。用途：优质用材；果可入药；园林绿化。

黑壳楠
Lindera megaphylla Hemsl.

常绿乔木。枝叶无毛。叶聚生枝顶，较长 10～20cm，宽 3～6cm，羽状脉；叶柄无毛。伞形花序。果椭圆形，成熟时紫黑色，无毛，果托浅杯状包果基部。花期 2～4 月，果期 9～12 月。武功山各地有分布；海拔 550～850m。用途：种子可榨油；园林绿化。

香叶树
Lindera communis Hemsl.

常绿乔木。枝叶被毛。叶互生，披针形，长仅 3～8cm，宽 2～3cm，羽状脉；叶柄长 0.8cm 以下。伞形花序单生或 2 个生于叶腋，总梗极短。果卵形，成熟时红色，果托近棒状。花期 3～4 月，果期 9～10 月。武功山各地有分布；海拔 200～850m。用途：枝、叶、茎可入药；叶和果可提取芳香油；园林绿化。

乌药
Lindera aggregata (Sims) Kosterm.

常绿乔木枝，被毛。叶互生，卵形，长 2.5～7cm，宽 1.7～3.5cm，下面密被锈褐色长毛，三出脉。伞形花序腋生，无总梗。果卵形，长 0.6～1cm，直径 0.4～0.7cm。花期 3～4 月，果期 5～11 月。武功山各地有分布；海拔 200～1000m。用途：根入药；园林绿化。

樟树（香樟）
Cinnamomum camphora (L.) Presl.

常绿乔木。枝、叶和木材均有樟脑气味。枝、叶无毛。叶互生，长 6～12cm，宽 2.5～5.5cm，全缘，离基三出脉。圆锥花序腋生，花淡黄绿色。果球形，紫黑色。花期 4～5 月，果期 8～11 月。武功山各地有分布；海拔 500m 以下。用途：根、茎、枝、叶可制樟脑；园林绿化。

沉水樟
Cinnamomum micranthum (Hayata) Hayata

常绿乔木。叶互生，长圆形，长 7~10cm，宽 3.5~5cm，边缘波状不平坦，羽状脉。圆锥花序顶生或腋生，花白色或紫红色，具香气。果椭圆形，具斑点。花期 7~8（10）月，果期 10 月。武功山黄洲村、源头村等地有分布；海拔 300~750m。用途：优质用材；园林绿化。

黄樟
Cinnamomum porrectum (Roxb.) Kosterm.

常绿乔木。叶互生，椭圆状卵形，长 6~11cm，宽 4~5.5cm，叶边缘平坦，羽状脉；叶柄无毛。圆锥花序腋生或近顶生。果球形，黑色，果托基部红色，有纵长的条纹。花期 3~5 月，果期 4~10 月。武功山各地有分布；海拔 600~1000m。用途：根、茎、枝、叶可制樟脑；园林绿化；优质用材。在《Flora of China》中拉丁学名已修改为：*Cinnamomum parthenoxylon* (Jack) Meisner。

华南桂
Cinnamomum austrosinense H.T. Chang

常绿乔木。枝、叶明显被毛。叶近对生或互生，下垂，长 10～16cm，宽 6～8cm，三出脉或近离基三出脉。圆锥花序腋生，总梗被毛，花黄绿色，被毛。果椭圆形，果托浅杯状。花期 6～7 月，果期 7～10 月。武功山各地有分布；海拔 500～800m。用途：枝、叶、果及花梗可提桂油；树皮及果入药；园林绿化。

毛桂
Cinnamomum appelianum Schewe

常绿乔木。枝和叶背密被平伏毛。叶互生或近对生，椭圆形，长 4.5～11.5cm，宽 1.5～4cm，叶下面密被黄褐色疏柔毛，三出脉或离基三出脉。圆锥花序腋生，花白色。果椭圆形，绿色。花期 4～6 月，果期 6～8 月。武功山红岩谷、羊狮幕等地有分布；海拔 600～900m 阔叶林下。用途：叶及树皮入药；园林绿化；优质用材。

湘楠
Phoebe hunanensis Hand.-Mazz.

常绿乔木。枝、叶无毛，但幼叶背面具微毛。叶革质，倒阔披针形，长 10～18cm，宽 3～5.5cm，叶背粉白色。花序生当年枝上部。果卵形，果梗略增粗，果基部花被裂片具缘毛。花期 5～6 月，果期 8～9 月。武功山红岩谷、三尖峰、羊狮幕等地有分布；海拔 500～800m。用途：园林绿化；优质用材。

紫楠
Phoebe sheareri (Hemsl.) Gamble

常绿乔木。枝、叶背、叶柄具浓密长毛。叶革质，倒卵形，长 8～20cm，宽 3.5～7cm。圆锥花序，在顶端分枝。果卵形，果梗被毛。花期 4～5 月，果期 9～10 月。武功山有分布；海拔 500～800m。用途：园林绿化；优质用材。

闽楠
Phoebe bournei (Hemsl.) Yang

常绿乔木。枝无毛。叶革质，窄倒卵形，长 7～12cm，宽 2.5～4cm，叶下面有短柔毛。花序生于新枝中、下部，被毛。果椭圆形或长圆形，宿存花被片被毛，紧贴。花期 4 月，果期 10～11 月。武功山华云界、羊狮幕等地有分布；海拔 400～750m。用途：园林绿化；优质用材。

绒毛润楠
Machilus velutina Champ. ex Benth.

常绿乔木。枝、芽、叶背、叶柄和花序具浓密的黄褐色绒毛。叶狭倒卵形，长 5～11cm，宽 2～5.5cm。花序单独顶生或数个密集在小枝顶端，近无总梗。果球形，紫红色。花期 10～12 月，果期翌年 2～3 月。武功山各地有分布；海拔 900m 以下。用途：园林绿化；优质用材。

薄叶润楠
Machilus leptophylla Hand.-Mazz.

常绿乔木。枝、叶无毛。叶互生，倒卵状长圆形，长12～24cm，宽3.5～7cm；叶柄粗，长1～3cm，淡红色。圆锥花序。果球形。武功山羊狮幕等地有分布；海拔400～900m。用途：园林绿化；优质用材。

宜昌润楠
Machilus ichangensis Rehd. et Wils.

常绿乔木。枝、叶无毛。叶常集生枝顶，长圆状披针形，长10～20cm，宽2～5cm，叶下面粉白色；叶柄较细长0.8～2cm。圆锥花序腋生，总梗带紫红色。果近球形，黑色，有小尖头，果梗不增大。花期4月，果期8月。武功山各地有分布；海拔400～900m。用途：园林绿化；优质用材。

红润楠

Machilus thunbergii Sieb. et Zucc.

常绿乔木。叶革质，倒卵状披针形，长4～9cm，宽2～4.2cm，下面带粉白；叶柄红色。花序顶生或在新枝上腋生，无毛。果扁球形，成熟后黑紫色，果梗鲜红色。花期2月，果期7月。武功山各地有分布；海拔300～1000m。用途：园林绿化；优质用材。

刨花润楠

Machilus pauhoi Kanehira

常绿乔木。叶常集生枝顶，长倒卵圆形，同一枝上部分叶片大小悬殊，叶长5～9cm，宽2～4cm，叶背被贴伏小绢毛。聚伞状圆锥花序，有柔毛。果球形，熟时黑色。武功山各地有分布；海拔300～900m。用途：园林绿化；优质用材。

檫木
Sassafras tzumu (Hemsl.) Hemsl.

落叶乔木。叶互生，聚集枝顶，长9～18cm，宽6～10cm，基部楔形，全缘或2～3浅裂；叶柄长2～7cm，常带红色。花序顶生，花黄色，雌雄异株。核果蓝黑色，果梗长1.5～2cm，无毛。花期3～4月，果期5～9月。武功山谭家坊等地有分布；海拔300～1000m。用途：园林绿化；根及树皮可入药。

蔷薇科 Rosaceae

渐尖粉花绣线菊
Spiraea japonica var. *acuminata* Franch.

落叶灌木。枝被短毛。叶片长卵形至披针形，先端渐尖，基部楔形，长4～8cm，边缘有尖锐重锯齿，下面沿叶脉有短柔毛。复伞房花序生于从基部抽出的长枝顶端，花粉红色。武功山各地有分布；海拔500～1000m。用途：园林观赏。

光叶粉花绣线菊
Spiraea japonica var. *fortunei* (Planchon) Rehd.

落叶灌木。枝、叶无毛。叶片长圆披针形，先端短渐尖，基部楔形，边缘具尖锐重锯齿，长5～10cm，上面有皱纹，下面有白霜。复伞房花序被短毛，直径4～8cm，花粉红色。花期5～6月，果期11月。本变种的主要特征是：枝叶无毛，花序被短毛。武功山草地沟谷有分布；海拔700～2000m。用途：园林观赏。

无毛粉花绣线菊
Spiraea japonica var. *glabra* (Regel) Koidz.

落叶灌木。枝近圆柱形，无毛或幼时被短柔毛。叶片卵形、卵状长圆形或长椭圆形，先端急尖或短渐尖，基部楔形至圆形，长3.5～9cm，边缘有尖锐重锯齿，两面无毛。复伞房花序无毛，直径8～12cm，花粉红色。花期5～6月，果期11月。本变种的主要特征是：枝叶无毛，花序无毛。武功山有零星分布；海拔1200～1900m。用途：观赏。

中华绣线菊
Spiraea chinensis Maxim.

落叶灌木。枝无毛；冬被柔毛。叶长 2.5~6cm，宽 1.5~3cm，上面被短柔毛，下面密被黄色绒毛；叶柄长 0.4~1cm，被短绒毛。伞形花序 16~25 朵花；萼片直立。花期 3~6 月，果期 6~10 月。武功山各地有分布；海拔 500~1000m。用途：园林观赏。

野珠兰（华空木）
Stephanandra chinensis Hance

落叶灌木。小枝较细弱，红褐色。叶长 5~7cm，宽 2~3cm，基部心形或圆形，边缘浅裂并有重锯齿，两面无毛；叶柄长 0.6~0.9cm，无毛。圆锥花序顶生；花梗和总花梗均无毛；花瓣白色；雄蕊 10 枚，生萼筒边缘，长比花瓣短一半；心皮 1 个，子房外被柔毛。蓇葖果近球形，具宿存直立萼片。花期 5 月，果期 7~8 月。武功山各地有分布；海拔 900m 以下。用途：园林观赏。

火棘
Pyracantha fortuneana (Maxim.) Li

常绿灌木。全株无毛。叶片倒卵形，长 1.5～6cm，宽 1～2.5cm，先端圆钝或微凹，有时具短尖头，基部楔形，下延连于叶柄，边缘有钝锯齿。复伞房花序，花瓣白色，子房上部密生白色柔毛。果实近球形，橘红或红色。花期 3～5 月，果期 8～11 月。武功山各地有分布；海拔 300～900m。用途：果可食；园林观赏。

野山楂
Crataegus cuneata Sieb. et Zucc.

落叶灌木。具细刺。叶片宽倒卵形，长 2～6cm，宽 2～4.5cm，先端急尖，基部楔形并沿叶柄下延，两侧叶翼状，边缘有重锯齿，顶端 3 或 5～7 浅裂，上面无毛，下面具毛；托叶镰刀状。伞房花序，具花 5～7 朵，总花梗和花梗均被毛；花瓣白色。果实近球形，直径 1～1.2cm，红色或黄色。花期 5～6 月，果期 9～11 月。武功山三天门等地有分布；海拔 250～1000m。用途：果可食。

皱皮木瓜
Chaenomeles speciosa (Sweet) Nakai

落叶灌木。枝有刺；全株无毛。叶片卵形至椭圆形，长3～9cm，宽2～5cm，先端急尖，基部楔形，边缘具锐锯齿；叶柄长1cm；托叶大型，半圆形。花瓣红色，果实球形，直径4～6cm，黄色有稀疏不显明斑点，味芳香；果梗短或无梗。花期3～5月，果期9～10月。武功山有分布；海拔500～800m。用途：果入药；也可食用。

波叶红果树
Stranvaesia davidiana var. *undulata* (Decne.) Rehd. et Wils.

常绿小乔木。枝叶密集。叶片长圆披针形，长3～8cm，宽2～3cm，先端急尖，基部宽楔形，全缘，叶缘波皱状；叶面中脉凹陷，沿中脉被微毛；叶柄长1～1.5cm，近无毛，有时淡红色。复伞房花序，花梗短，花序近无毛；花瓣白色。果实近球形，橘红色，直径0.7cm。武功山红岩谷等地有分布；海拔900～1300m。用途：园林观赏；果食用或酿酒。

椤木石楠
Photinia davidsoniae Rehd. et Wils.

常绿乔木。除花序外全株无毛；树干基部有时具刺。叶倒披针形长 5~15cm，宽 2~5cm，先端急尖，基部楔形，边缘有锯齿。顶生复伞房花序，具毛；花瓣白色。果球形直径 0.7~1cm。花期 5 月，果期 9~10 月。武功山各地有分布；海拔 300~900m。用途：园林观赏；优质硬木用材。在《Flora of China》中已修改为：贵州石楠 *Photinia bodinieri* Lévl.。

石楠
Photinia serrulata Lindl.

常绿灌木。枝、芽无毛。叶长 9~22cm，宽 3~6.5cm，两面皆无毛；叶柄长 2~4cm，无毛。复伞房花序顶生；总花梗和花梗无毛；果实球形，红色。花期 4~5 月，果期 10 月。武功山各地有分布；海拔 400~700m。用途：园林观赏。

光叶石楠
Photinia glabra (Thunb.) Maxim.

常绿乔木。枝无毛。叶长5～9cm，宽2～4cm，两面无毛；叶柄长1～1.5cm，无毛。复伞房花序；总花梗和花梗均无毛；花直径7～8cm。果红色，无毛。花期4～5月，果期9～10月。武功山各地有分布；海拔500～900m。用途：园林观赏。

齿叶桃叶石楠
Photinia prunifolia var. *denticulata* Yu

常绿乔木。叶背密被腺点；与桃叶石楠 *Photinia prunifolia*（Hook. et Arn.）Lindl. 不同的是：本变种叶边有显明重锯齿；总花梗和花梗具稀疏柔毛，萼筒无毛。武功山有分布；海拔910～1200m。用途：园林观赏。

小叶石楠
Photinia parvifolia (Pritz.) Schneid.

落叶灌木。枝无毛。叶长4～8cm，宽1～3.5cm，下面无毛，侧脉4～6对；叶柄长0.1～0.2cm，无毛。伞形花序顶生2～9花，无总花梗。果实椭圆形或卵形，长0.9～1.2cm，直径0.5～0.7cm，橘红色，无毛。花期4～5月，果期7～8月。武功山各地有分布；海拔300～1000m。用途：园林观赏；根、枝、叶供药用。

中华石楠
Photinia beauverdiana Schneid.

落叶灌木。枝无毛。叶长5～10cm，宽2～4.5cm，下面中脉疏生柔毛；叶柄长0.5～1cm，微有柔毛。复伞房花序，果梗长1～2cm。花期5月，果期7～8月。武功山各地有分布；海拔600～1000m。用途：园林观赏。

芷江石楠
Photinia zhijiangensis Ku

落叶或半常绿灌木。本种近似中华石楠和绒毛石楠，但本种叶下面密被灰色绒毛，且不脱落，叶较大。可将上述三个相近种视为种内不同的地理种群。武功山有分布；海拔 650～900m。用途：水土保持植被恢复；园林观赏；果可食。在《Flora of China》中已归并为：绒毛石楠 *Photinia schneideriana* Rehd. et Wils.。

石斑木
Raphiolepis indica (L.) Lindl.

常绿灌木。枝无毛。叶长圆形，长 3～7cm，宽 2～3.5cm，先端急尖，基部楔形并沿叶柄下延，边缘具疏齿，上面无毛，下面淡绿色而网脉清晰，无毛；叶柄长 0.8cm 以下，无毛。顶生圆锥花序或总状花序，总花梗和花梗被锈色绒毛，花梗长 0.5～1.5cm；萼片 5 枚，两面被疏绒毛或无毛；花瓣 5 片，白色或淡红色；雄蕊红色。果梗长 0.5～1cm。花期 4 月，果期 7～8 月。武功山各地有分布；海拔 300～900m。用途：园林观赏。

麻梨
Pyrus serrulata Rehd.

落叶乔木。无毛。叶长6~12cm，宽3.5~7cm，先端渐尖，基部宽圆形，边缘有细锯齿；叶柄长3~7.5cm，无毛。伞形总状花序，花梗长3~5cm，萼筒外被疏绒毛；花瓣白色；雄蕊20枚，约短于花瓣之半；花柱3~4条。果实近球形长1.5~2.2cm，有褐色斑点，萼片宿存或部分宿存。花期4月，果期6~8月。武功山羊狮幕路上等地有分布；海拔800~1100m。用途：果食用。

豆梨
Pyrus calleryana Dcne.

落叶乔木。枝幼嫩时有绒毛，冬芽微具绒毛。叶长4~8cm，宽3.5~6cm，两面无毛；叶柄长2~4cm，无毛；托叶叶质，线状披针形，长0.4~0.7cm，无毛。伞形总状花序，具花6~12朵，直径0.4~0.6cm，总花梗和花梗均无毛，花梗长1.5~3cm。梨果球形，直径约1cm，褐色有斑点，有细长果梗。花期4月，果期8~9月。武功山各地有分布；海拔300~1000m。用途：果食用；木材致密可作器具；作砧木。

台湾林檎
Malus doumeri (Bois) Chev.

落叶乔木。嫩枝被长柔毛,老枝无毛。叶片长卵状披针形,长8~15cm,宽4~6.5cm,先端渐尖,基部楔形,边缘有尖锯齿,老叶无毛;叶柄长1.5~3cm,后无毛。近伞形花序,花梗长1.5~3cm;萼筒外面有绒毛;萼片内、外面被白毛。果实宿萼有短筒,果心分离。武功山尽心桥、杨家湾等地有分布;海拔800~1100m。用途:果食用;作砧木。

湖北海棠
Malus hupehensis (Pamp.) Rehd.

落叶灌木。全株无毛。叶卵状椭圆形,长5~10cm,宽2.5~4cm,基部宽楔形,边缘有细锯齿;叶柄长1~3cm,托叶线状披针形。伞房花序,花梗长3~6cm,花萼5枚,花瓣5片,粉红色或近白色。果近球形,直径约1cm。花期4~5月,果期8~9月。武功山各地有分布;海拔50~1500m。用途:果入药或食用;园林观赏。

水榆花楸
Sorbus alnifolia (Sieb. et Zucc.) K. Koch

落叶乔木。嫩枝具微毛,老枝无毛。叶长5~10cm,宽3~6cm,两面无毛或仅下面脉上具微毛;叶柄长1.5~3cm,无毛。复伞房花序,总花梗和花梗具稀疏柔毛;果红色或黄色。花期5月,果期8~9月。武功山有分布;海拔900~1100m。用途:园林观赏;优质用材;树皮作染料。

江南花楸
Sorbus hemsleyi (Schneid.) Rehd.

落叶乔木。枝无毛;叶长5~11cm,宽2.5~5.5cm,上面无毛,下面除中脉和侧脉外均有灰白色绒毛;叶柄通常长1~2cm,无毛或微有绒毛。复伞房花序有花20~30朵;花梗长0.5~1.2cm,被白色绒毛。果实近球形,有少数斑点。花期5月,果期8~9月。武功山各地有分布;海拔700~1500m。用途:园林观赏;优质用材。

石灰花楸
Sorbus folgneri (Schneid.) Rehd.

落叶乔木。枝幼时被白色绒毛。叶长 5 ~ 8cm，宽 2 ~ 3.5cm，上面无毛，下面密被白色绒毛，中脉和侧脉上也具绒毛；叶柄长 0.5 ~ 1.5cm，密被白色绒毛。复伞房花序具多花，总花梗和花梗均被白色绒毛。果实椭圆形红色。花期 4 ~ 5 月，果期 7 ~ 8 月。武功山各地有分布；海拔 800 ~ 1300m。用途：园林观赏；优质用材。

武夷花楸
Sorbus amabilis var. *wuyishangensis* Z. X. Yu

落叶乔木。嫩枝具褐色柔毛，逐渐脱落至老时近于无毛。奇数羽状复叶，连叶柄长 13 ~ 17.5cm；叶柄长 2.5 ~ 3.5cm。复伞房花序顶生，长 8 ~ 10cm，宽 12 ~ 15cm，总花梗和花梗密被褐色柔毛，逐渐脱落至果期近于无毛。果实红色，先端具宿存闭合萼片。花期 5 月，果期 9 ~ 10 月。与黄山花楸近似，但本变种叶轴与小叶柄间有黑色锥形体。武功山羊狮幕等地有分布；海拔 1000 ~ 1300m。用途：园林观赏；果入药。在《Flora of China》中已归并为：黄山花楸 *Sorbus amabilis* Cheng ex Yü。

金樱子
Rosa laevigata Michx.

常绿攀缘灌木。小枝具扁皮刺，无毛。小叶 3~5；小叶片椭圆状卵形长 2~6cm，宽 1.2~3.5cm，两面无毛；小叶柄和叶轴有皮刺和腺毛；托叶离生或基部与叶柄合生，边缘有腺齿。花单生叶腋，花梗和萼筒密被腺毛；花瓣白色。果外面密被针刺，萼片宿存。花期 4~6 月，果期 7~11 月。武功山各地有分布；海拔 100~1500m。用途：园林观赏；果入药或食用。

软条七蔷薇
Rosa henryi Bouleng.

常绿灌木。有长匍枝；小枝有短扁、弯曲皮刺或无刺。小叶通常 5，连叶柄长 9~14cm；小叶片长 3.5~9cm，宽 1.5~5cm，两面均无毛；小叶柄和叶轴无毛，有散生小皮刺。果近球形，直径 0.8~1cm，成熟后褐红色，有光泽，果梗有稀疏腺点；萼片脱落。武功山各地有分布；海拔 400~1200m。用途：园林观赏；果入药。

小果蔷薇

Rosa cymosa Tratt.

常绿攀缘灌木。小枝有钩状皮刺。小叶通常 5，叶长 2.5～6cm，宽 8～25cm，两面均无毛；叶轴无毛，具稀疏皮刺和腺毛。复伞房花序；花梗长约 1.5cm，幼时密被长柔毛，老时逐渐脱落近于无毛。果球形，红色至黑褐色。花期 5～6 月，果期 7～11 月。武功山各地有分布；海拔 400～1200m。用途：园林观赏；果入药。

粉团蔷薇

Rosa multiflora var. *cathayensis* Rehd. et Wils.

常绿攀缘灌木。枝有皮刺。小叶 5～7，小叶长 1.5～5cm，宽 0.8～2.8cm，上面无毛，下面有柔毛；小叶柄和叶轴有散生腺毛。圆锥花序，单瓣花，花梗长 1.5～2.5cm，无毛或有腺毛；萼片披针形，或中部具 2 个线形裂片。武功山各地有分布；海拔 400～1200m。用途：园林观赏；果入药。

棣棠花
Kerria japonica (L.) DC.

落叶灌木。小枝绿色无毛。叶互生,三角状卵形,顶端尾尖,基部截形,边缘具重锯齿,叶面无毛,下面沿脉有毛;叶柄长0.5~1cm,无毛。花瓣黄色,顶端凹缺。瘦果表面有皱褶。花期4~6月,果期6~8月。武功山红岩谷等地有分布;海拔400~900m。用途:园林观赏。

锈毛莓
Rubus reflexus Ker.

常绿灌木。枝被锈色绒毛,具皮刺。单叶,轮廓心状长卵形,长6.5~14cm,宽5~10cm,下面密被锈绒毛,边缘3~5裂,有不整齐锯齿和重锯齿,基部心形;叶柄长2~5cm,被绒毛和小皮刺;托叶宽倒卵形,不规则掌状裂。花集生于叶腋或成顶生短总状花序;总花梗和花梗密被锈色长柔毛;花梗长0.3~0.6cm;花瓣白色。果红色。花期6~7月,果期8~9月。武功山各地有分布;海拔300~1000m。用途:果可食用。

黄泡
Rubus pectinellus Maxim.

常绿半灌木。有长柔毛和稀疏微弯针刺。叶长 2.5～4.5cm，宽 3～5cm，两面被稀疏长柔毛，下面沿叶脉有针刺；叶柄长 3～6cm，有长柔毛和针刺。花单生枝顶；花梗长 2～4cm，被长柔毛和针刺。果红色；小核近光滑或微皱。花期 5～7 月，果实 7～8 月。武功山各地有分布；海拔 1000m 以下。用途：根、叶可入药，能清热解毒。

粗叶悬钩子
Rubus alceaefolius Poir.

常绿攀缘灌木。枝被长柔毛，有稀疏皮刺。叶长 6～16cm，宽 5～14cm，顶上面疏生长柔毛，并有囊泡状小凸起，下面密被绒毛，沿叶脉具长柔毛。顶生或腋生狭圆锥花序或近总状。果肉质，红色。花期 7～9 月，果期 10～11 月。武功山各地有分布；海拔 500～1000m。用途：根和叶入药；果食用。

高粱泡
Rubus lambertianus Ser.

半落叶灌木。枝有细毛，具小皮刺。叶长 5～10cm，宽 1～8cm，上面疏生柔毛或沿叶脉有柔毛，下面被疏柔毛，沿叶脉毛较密，中脉上常疏生小皮刺；叶柄长 2～4cm，近无毛，有稀疏小皮刺。圆锥花序顶生，叶腋内的花序常近总状。果实小，熟时红色。花期 7～8 月，果期 9～11 月。武功山各地有分布；海拔 300～1000m。用途：果熟食用或酿酒；根叶药用。

无腺灰白毛莓
Rubus tephrodes var. *ampliflorus* (Lévl. et Vant.) Hand. -Mazz.

常绿攀缘灌木。单叶近圆形，长宽 5～8cm，顶端急尖或圆钝，基部心形，掌状五出脉，边缘具 5～7 圆钝裂片和不整齐锯齿；叶柄长 1～3cm。果球形，直径达 1.4cm，紫黑色无毛。花期 6～8 月，果期 8～10 月。武功山有分布；海拔 300～800m。用途：果熟食用或酿酒；根叶药用。与灰白毛莓 *Rubus tephrodes* Hance 相似，区别在于：本变种枝、花序和花萼均无腺毛及刺毛或仅枝和叶柄上有稀疏刺毛及腺毛。

周毛悬钩子
Rubus amphidasys Focke ex Diels

常绿小灌木。枝密被长腺毛、软刺毛和长柔毛，常无皮刺。叶长5～11cm，宽3.5～9cm，两面均被长柔毛；叶柄长2～5.5cm，被红长腺毛、长柔毛。近总状花序5～12花，稀3～5朵簇生。果暗红色，无毛，包藏在宿萼内。花期5～6月，果期7～8月。武功山各地有分布；海拔300～1000m。用途：果可食；全株入药。

木莓
Rubus swinhoei Hance

落叶灌木。茎幼时具灰白色短绒毛，老时脱落，疏生小皮刺。叶长5～11cm，宽2.5～5cm，下面密被灰色绒毛或近无毛；叶柄长0.5～1cm，被灰白色绒毛，有时具钩状小皮刺。总状花序。果无毛，黑紫色，味酸涩。花期5～6月，果期7～8月。武功山各地有分布；海拔300～1000m。用途：果可食；根皮可提取栲胶。

吉安悬钩子（常绿悬钩子）
Rubus sempervirens Yü et Lu

常绿灌木。枝无毛，具钩状皮刺。叶长 11～22cm，宽 5.5～11cm，上面无毛，下面密被灰白色或浅灰黄色绒毛；叶柄长 5～10cm，无毛，具钩状皮刺。圆锥花序顶生。果实包藏在萼内，红色，无毛。花期 5～6 月，果期 6～8 月。武功山各地有分布；海拔 800～1000m。用途：果可食；根入药。在《Flora of China》中拉丁学名已修改为：*Rubus jianensis* L. T. Lu & Boufford。

山莓
Rubus corchorifolius L. f.

常绿灌木。枝具皮刺，幼时被柔毛。叶长 5～12cm，宽 2.5～5cm，沿叶脉有细柔毛，下面近无毛，沿中脉疏生小皮刺。果实近球形或卵球形，红色，密被细柔毛。花期 2～3 月，果期 4～6 月。武功山各地有分布；海拔 300～1000m。用途：果食用；果、根及叶入药。

小柱悬钩子
Rubus columellaris Tutcher

常绿攀缘灌木。枝无毛，疏生钩状皮刺。叶长 3～10cm，宽 1.5～5cm，两面无毛或上面疏生平贴柔毛。伞房状花序 3～7 花，顶生或腋生。果橘红色或褐黄色，无毛。花期 4～5 月，果期 6 月。武功山各地有分布；海拔 300～1000m。用途：根、果入药。

白叶莓
Rubus innominatus S. Moore

常绿灌木。枝密被绒毛状柔毛，疏生钩状皮刺。叶长 4～10cm，宽 2.5～5cm，下面密被灰白色绒毛。总状或圆锥状花序，顶生或腋生。果橘红色，成熟时无毛。花期 5～6 月，果期 7～8 月。武功山各地有分布；海拔 300～1000m。用途：果酸甜可食；根入药。

腺萼悬钩子
Rubus glandulosocalycinus Hayata

常绿亚灌木。枝无毛或有疏柔毛，密被紫红色长腺毛和疏生尖锐皮刺。侧生小叶长 1.5~3cm，顶生小叶长达 5~6cm，宽 0.8~1.5cm。果红色，无毛。花期 4 月。武功山各地有分布；海拔 1100m。用途：根入药。

厚叶悬钩子
Rubus crassifolius Yu et Lu

蔓性或攀缘小灌木。枝密被黄棕色绢状长柔毛，无刺。单叶，厚，革质，近圆形，直径 3~7cm，两面均具绢状长柔毛，上面具明显细皱纹，下面毛很密，叶脉棕褐色，基部具掌状五出脉，边缘微波状或 3~5 浅裂；托叶离生，疏生绢状长柔毛，边缘条裂。花常单生，花梗和花萼被黄棕色绢状长柔毛。果实近球形，红色，无毛，由多数小核果组成，苞藏于叶状宿萼内；核具皱纹。花期 6~7 月，果期 8 月。武功山金顶有分布；海拔 1600~2000m。用途：根入药。

尾叶悬钩子
Rubus caudifolius Wuzhi

攀缘灌木。幼枝密被灰黄色至灰白色绒毛，疏生微弯短皮刺。单叶，革质，长圆状披针形或卵状披针形，长7～14cm，宽3～5cm，顶端尾尖，基部圆形，上面无毛，下面密被铁锈色短绒毛，具脉5～8对，边缘具浅细突尖锯齿，托叶全缘，稀顶端浅裂，幼时具绒毛，老时逐渐减少，膜质，脱落迟。花成顶生或腋生总状花序，总花梗、花梗和花萼均密被灰黄色绒毛状柔毛；花萼带紫红色；花瓣红色，稍短于萼片。果实扁球形，未熟时红色，熟时黑色；核具皱纹。花期5～6月，果期7～8月。武功山草甸沟谷灌丛中有分布；海拔800～2200m。用途：根入药。

黎川悬钩子
Rubus lichuanensis Yu et Lu

攀缘灌木。嫩枝被锈黄色绒毛，老时脱落，有钩状皮刺。单叶长5～8cm，宽3～4cm，上面疏生柔毛，下面密被锈黄色绒毛，边缘浅裂或波状，有不规则圆钝粗锯齿或重锯齿；托叶早落。花数朵成总状花序；总花梗和花梗有锈黄色绒毛状柔毛、短腺毛和稀疏针刺；花萼外密被锈黄色绒毛状柔毛。果实近球形，直径1～1.6cm，黑色，由很多小核果组成；核有明显皱纹。花期4～5月，果期6～7月。武功山安福方向沟谷有分布；海拔800～1000m。用途：根入药。

三花悬钩子
Rubus trianthus Focke

藤状灌木。枝暗紫色，无毛，疏生皮刺，有时具白粉。单叶，长4～9cm，宽2～5cm，两面无毛，上面色较浅，3裂或不裂；基部有3脉。花常3朵，有时花超过3朵而成短总状花序，常顶生；花瓣白色，几与萼片等长。果实近球形，直径约1cm，红色，无毛；核具皱纹。花期4～5月，果期5～6月。武功山各地有分布；海拔500～2800m。用途：果可食用；全株入药。

空心泡
Rubus rosaefolius Smith

常绿攀缘灌木。枝具柔毛或近无毛，有浅黄色腺点，疏生较直立皮刺。叶长3～5cm，宽1.5～2cm，两面无毛，有浅黄色发亮的腺点，下面沿中脉有稀疏小皮刺。花常1～2朵顶生或腋生。果实卵球形，长1～1.5cm，红色，无毛。花期3～5月，果期6～7月。武功山各地有分布；海拔300～1000m。用途：根、嫩枝及叶入药。

梅
Armeniaca mume Sieb.

落叶乔木。小枝无毛。叶片卵形，长 4~8cm，宽 2.5~5cm，先端尾尖，基部宽楔形至圆形，叶边常具小锐锯齿，灰绿色，渐无毛；叶柄长 1~2cm，常有腺体。花单生或 2 朵同生于 1 芽内；花白色至粉红色；雄蕊短或稍长于花瓣；子房密被柔毛，花柱短或稍长于雄蕊。果被柔毛，味酸；果核表面具蜂窝状孔穴。花期冬春季，果期 5~6 月。梅原产我国南方，现各地栽培。武功山等地有野生分布。用途：园林观赏；遗传资源。

李
Prunus salicina Lindl.

落叶乔木。小枝无毛。叶片长椭圆形，长 8~10cm，宽 2.5~5cm，先端渐尖，基部楔形，边缘有锯齿，两面均无毛；叶柄长 1~2cm，有 2 腺体或无。花通常 3 朵并生；花梗 1~2cm；花瓣白色。核果基部有纵沟，外被蜡粉；核有皱纹。花期 4 月，果期 7~8 月。武功山等地有野生分布；海拔 200~900m。用途：果食用。

钟花樱桃
Cerasus campanulata (Maxim.) Yu et Li

落叶乔木。全株无毛。叶卵状椭圆形或倒卵状椭圆形，长4～8cm，宽2.5～4cm，先端渐尖，基部圆形，边有急尖锯齿；叶柄长0.8～1.2cm，有2腺体。伞形花序2～4朵，先叶开放，萼片平展或仅先端弯曲；花瓣红色或淡红色。核果顶端尖；果核表面微具棱纹。花期2～3月，果期4～5月。武功山龙山村等地有分布；海拔200～1000m。用途：园林观赏；果可食。

山樱花
Cerasus serrulata (Lindl.) G. Don ex London

落叶乔木。小枝灰白色或淡褐色，无毛。叶长5～9cm，宽2.5～5cm，上面深绿色，无毛，下面淡绿色，无毛；叶柄长1～1.5cm，无毛。花序伞房总状或近伞形，有花2～3朵；核果球形或卵球形，紫黑色，直径8～10mm。花期4～5月，果期6～7月。武功山各地有分布；海拔500～1000m。用途：园林观赏。

尾叶樱桃
Cerasus dielsiana (Schneid.) Yü et Li

落叶乔木。枝无毛，嫩枝无毛或密被褐色长柔毛。叶长6～14cm，宽2.5～4.5cm，下面中脉和侧脉密被开展柔毛，其余被疏柔毛。伞形或近伞形花序。核果红色，果核卵形表面较光滑。花期3～4月。武功山各地有分布；海拔600～1000m。用途：园林观赏。

迎春樱桃
Cerasus discoidea Yü et Li

落叶乔木。枝无毛。叶长4～8cm，宽1.5～3.5cm，下面被疏柔毛，嫩时较密。花先叶开放，伞形花序有花2朵。核果红色，果核表面略有棱纹。花期3月，果期5月。武功山各地有分布；海拔700～1000m。用途：园林观赏。

樱桃
Cerasus pseudocerasus (Lindl.) G. Don

落叶乔木。树皮灰白色；枝无毛。叶长5~12cm，宽3~5cm，下面沿脉或脉间有稀疏柔毛；叶柄长0.7~1.5cm。花序伞房状或近伞形，有花3~6朵，先叶开放。核果近球形，红色。花期3~4月，果期5~6月。武功山各地有分布；海拔750~1000m。用途：园林观赏；果食用或酿酒；枝、叶、根、花供药用。

橉木
Padus buergeriana (Miq.) Yü et Ku

落叶乔木。枝、叶无毛。叶长椭圆形，长5~10cm，宽3~5cm，先端渐尖，基部圆形，边缘有贴生锐锯齿；叶柄长1~1.5cm，无腺体。萼片三角状，先端长线状。花白色，雄蕊10枚；萼片果期宿存。花期4~5月，果期5~10月。武功山各地有分布；海拔500~1000m。用途：园林观赏；优质用材。

灰叶稠李
Padus grayana (Maxim.) Schneid.

落叶乔木。老枝黑褐色；小枝灰绿色，无毛。叶灰绿色，长 4~10cm，宽 1.8~4cm，先端长渐尖，基部圆形，边缘有尖锐锯齿或缺刻状锯齿，两面无毛或仅中脉有毛；叶柄长 0.5~1cm，无腺体；托叶线形。总状花序长 8~10cm，基部有 2~4 叶；花梗长 0.2~0.4cm；花瓣白色。核果卵球形，黑褐色，光滑；果梗长 0.6~0.9cm，核光滑。花期 4~5 月，果期 9~10 月。武功山各地有分布；海拔 1000~1600m。用途：园林观赏。

粗梗稠李
Padus napaulensis (Ser.) Schneid.

落叶乔木。小枝红褐色无毛。叶长 6~14cm，宽 2~6cm，下面无毛。总状花序具有多数花朵，长 7~15cm。核果卵球形，顶端有骤尖头，直径 1~1.3cm，黑色或暗紫色，无毛；果梗显著增粗，有明显淡色皮孔，无毛或近于无毛；萼片脱落。花期 4 月，果期 7 月。武功山红岩谷等地有分布；海拔 700~1100m。用途：园林观赏；优质用材。

腺叶桂樱
Laurocerasus phaeosticta (Hance) Schneid.

常绿乔木。无毛。叶片革质，长 6～12cm，宽 2.5～4cm，先端长尾尖，基部楔形，全缘，叶背具黑色腺点。花白色。果紫黑色。花期 4～5 月，果期 7～10 月。武功山各地有分布；海拔 500～900m。用途：园林观赏。

蜡梅科 Calycanthaceae

蜡梅
Chimonanthus praecox (L.) Link

落叶灌木，枝无毛有皮孔。叶宽卵圆状披针形，长 5～25cm，宽 3.5～8cm，仅叶背脉上被疏微毛。花着生于第二年生枝条叶腋内，先花后叶；花被片无毛；花柱长达子房 3 倍。果托木质化，并具被毛。花期 11 月至翌年 3 月，果期 4～11 月。武功山红岩谷等地有分布；海拔 650～1000m。用途：园林观赏；根、叶可入药；花解暑生津。

山蜡梅（亮叶蜡梅）
Chimonanthus nitens Oliv.

常绿灌木。枝被微毛，后渐无毛。叶长 2～13cm，宽 1.5～5.5cm，叶背无毛，叶脉和叶柄上被短柔毛。花直径 0.7～1cm，黄白色；花被片外面被短柔毛。果托坛状，长 2～5cm，直径 1～2.5cm，口部收缩，被短绒毛。花期 10 月至翌年 1 月，果期 4～7 月。武功山有分布；海拔 300～850m。用途：园林观赏；嫩叶作茶饮；根入药。

苏木科 Caesalpiniaceae

云实
Caesalpinia decapetala (Roth) Alston

落叶藤状灌木。枝、叶轴和花序被柔毛和钩刺。二回羽状复叶，羽片对生，基部有 1 对刺；小叶长 1～2.5cm，宽 0.6～1.2cm，两端圆钝，两面均被短毛，渐无毛，小叶柄极短。总状花序顶生具刺；萼片 5 枚，花瓣黄色，子房无毛。荚果无毛。花果期 4～10 月。武功山各地有分布；海拔 650m 以下。用途：根、茎及果药用；果皮和树皮含单宁。

肥皂荚
Gymnocladus chinensis Baill.

落叶乔木。枝被柔毛，后无毛。二回偶数羽状复叶，叶轴被毛；小叶互生近无柄，长 2.5～5cm，宽 1～1.5cm，两面被毛。总状花序顶生，被短毛；花杂性，白色或紫红色，有梗下垂。荚果肿胀、无毛。花期 5～6 月，果期 10 月。武功山各地有分布；海拔 200～1200m。用途：优质用材；园林绿化。

皂荚
Gleditsia sinensis Lam.

落叶乔木。枝、秆具粗刺，圆柱形并分枝。一回羽状复叶，小叶长 2～8.5cm，宽 1～4cm，先端急尖，基部歪斜。花杂性，黄白色；萼片 4 枚，花瓣 4 片；荚果带状。花期 3～5 月；果期 5～12 月。武功山各地有分布；海拔 200～900m。用途：荚果制皂；荚、子、刺入药；园林绿化。与肥皂荚的区别：肥皂荚无刺，荚果肿胀。

山皂荚
Gleditsia japonica Miq.

落叶乔木。本种与皂荚的区别是：山皂荚小叶先端钝或微凹，小叶长2～5cm，宽1～2.5cm；枝刺基部扁。武功山各地有分布；海拔250～1000m。用途：园林绿化；用材。

任豆（翅荚木）
Zenia insignis Chun

落叶乔木。芽被毛。一回基数羽状复叶，小叶背面具毛，先端渐尖。圆锥花序顶生；花红色；荚果扁平，一侧具翅。花期5月，果期6～8月。武功山等地有栽培；海拔200～800m。用途：用材；园林绿化。

粉叶羊蹄甲
Bauhinia glauca (Wall. ex Benth.) Benth.

落叶藤本。除花序外均无毛。叶长 5~7cm，2 裂达中部或更深裂，基出脉 9~11 条。伞房状总状花序顶生或与叶对生，花瓣白色，边缘皱波状，能育雄蕊 3 枚。荚果带状无毛。花期 4~6 月；果期 7~9 月。武功山各地有分布；海拔 200~950m。用途：园林观赏。

湖北紫荆
Cercis glabra Pampan.

落叶乔木。叶较大，厚纸质或近革质，心脏形或三角状圆形，长 5~12cm，宽 4.5~11.5cm，先端钝或急尖，基部浅心形至深心形，幼叶常呈紫红色，成长后绿色；叶柄长 2~4.5cm。总状花序，有花数朵至十余朵；花淡紫红色或粉红色。荚果狭长圆形，紫红色，长 9~14cm，宽 1.2~1.5cm，翅宽约 2mm，先端渐尖，基部圆钝；果颈长 2~3mm；种子 1~8 颗，近圆形，扁。花期 3~4 月，果期 9~11 月。武功山万龙山有分布；海拔 600~1900m。用途：园林观赏。

含羞草科 Mimosaceae

合欢
Albizia julibrissin Durazz.

落叶乔木。嫩枝、花序和叶轴被短柔毛。二回羽状复叶，总叶柄基部及最顶一对羽片着生处各有1枚腺体；小叶长0.6～1.2cm，宽0.2～0.4cm，中脉紧靠上缘。头状花序，花丝粉红色。荚果无毛。花期6～7月，果期8～10月。武功山各地有分布；海拔900m以下。用途：园林绿化；树皮药用，有驱虫功效。

山槐（山合欢）
Albizia kalkora (Roxb.) Prain

落叶乔木。枝、叶轴和小叶被短毛；总叶柄上的腺体被毛。二回羽状复叶；小叶长1.8～4.5cm，宽0.8～2cm，中脉稍偏上侧。头状花序，花丝白色。荚果无毛。花期5～6月，果期8～10月。武功山各地有分布；海拔900m以下。用途：园林绿化。

蝶形花科 Papilionaceae

软荚红豆
Ormosia semicastrata Hance

常绿乔木。枝具柔毛。奇数羽状复叶，小叶长 4～14cm，宽 2～5cm，先端渐尖或微凹，两面无毛。圆锥花序顶生，花冠白色；雄蕊 10 枚，5 枚发育，5 枚退化。荚果小，革质、光亮，干时黑褐色，长 1.5～2cm，顶端具短喙，有种子 1 粒。花期 4～5 月。武功山有分布；海拔 750～1000m。用途：用材；园林观赏。

花榈木
Ormosia henryi Prain

常绿乔木。树皮绿色，嫩枝折断时有臭味。枝、叶轴、花序密被绒毛。奇数羽状复叶，小叶长 5～15cm，宽 2.3～6cm，基部圆钝，叶缘反卷，叶背及叶柄密被绒毛；小叶柄长 0.3～0.6cm。圆锥花序顶生，密被绒毛；花冠淡绿色；雄蕊 10 枚，分离。荚果扁平无毛。花期 7～8 月，果期 10～11 月。武功山各地有分布；海拔 900m 以下。用途：优质用材；根、枝、叶入药；森林防火树种。

木荚红豆
Ormosia xylocarpa Chun ex L. Chen

常绿乔木。枝被柔毛。奇数羽状复叶,小叶长4~16cm,宽2~5cm,边缘反卷,叶背被褐黄色毛;小叶柄长0.7~1.2cm,被短毛。圆锥花序顶生,被短柔毛;花冠白色或粉红色。荚果长5~7cm,宽2~4cm,果瓣厚木质,外面密被黄褐色短绢毛。花期6~7月,果期10~11月。武功山有分布;海拔950m以下。用途:心材紫红色,名贵用材;园林观赏。

香槐
Cladrastis wilsonii Takeda

落叶乔木。嫩枝被短毛,后无毛。叶柄下芽,芽具绢毛;奇数羽状复叶,总叶柄基部膨大,小叶7~11枚,长4~12cm,宽2.5~4.5cm,先端渐尖,基部宽圆钝、稍偏斜;嫩叶下面被毛,后无毛。圆锥花序顶生,花序轴、花萼具密毛,子房被毛。荚果条形,长3~8cm。花期6~7月,果期11~12月。武功山尽心桥等地有分布;海拔650~1000m。用途:优质用材;园林观赏。

槐
Sophora japonica L.

落叶乔木。羽状复叶,小叶对生或近对生,长 2.5～6cm,宽 1.5～3cm,基部稍偏斜,下面有平伏柔毛;小叶柄长 0.2cm。圆锥花序顶生,花冠黄白色。荚果串珠状。花期 7～8 月,果期 8～10 月。武功山各地有栽培;海拔 400～800m。用途:园林绿化;花、果入药。在《Flora of China》中拉丁学名已修改为:*Styphnolobium japonicum* (L.) Schott。

黄檀
Dalbergia hupeana Hance

落叶乔木。树皮薄片状剥落;枝、叶无毛。羽状复叶,小叶互生或仅对生,7～11 枚,长 3.5～6cm,宽 2.5～4cm,先端钝或稍凹入,基部圆形。圆锥花序顶生;花冠白色或淡紫色;雄蕊 5+5 二体;子房无毛。荚果阔舌状,长 4～7cm,宽 1.3～1.5cm。花期 5～7 月。武功山各地有分布;海拔 600～1100m。用途:优质用材;园林绿化;根药用。

亮叶崖豆藤
Millettia nitida Benth.

攀缘灌木。羽状复叶，叶轴疏被短毛，上面有狭沟；托叶线形；小叶2对，硬纸质，卵状披针形或长圆形，长5～9（～11）m，宽（2～）3～4cm，下面无毛。圆锥花序顶生，密被绒毛。荚果线状长圆形，密被黄褐色绒毛。花期5～9月，果期7～11月。武功山各地有分布；海拔800m以下。用途：园林藤本植物。在《Flora of China》中名称已修改为：亮叶鸡血藤 *Callerya nitida* (Bentham) R. Geesink。

丰城崖豆藤
Millettia nitida var. *hirsutissima* Z. Wei

与原变种亮叶崖豆藤区别在于：小叶卵形，较小，上面暗淡，下面密被红褐色硬毛。武功山有分布；海拔800m以下。用途：园林观赏；皮入药。在《Flora of China》中名称已修改为：丰城鸡血藤 *Callerya nitida* var. *hirsutissima*（Z. Wei）X. Y. Zhu。

网络崖豆藤
Millettia reticulate Benth.

落叶木质藤本。羽状复叶；叶柄长2～5cm；无毛有狭沟；托叶锥刺形，叶腋有钻形的芽苞叶，宿存；小叶3～4对，硬纸质，卵状长椭圆形或长圆形，两面均无毛或被稀疏柔毛。圆锥花序顶生或着生枝梢叶腋，基部分枝，花序轴被黄褐色柔毛。荚果线形，狭长扁平。花期5～11月。武功山各地有分布；海拔1500m以下。用途：园林观赏。在《Flora of China》中名称已修改为：网络鸡血藤 *Callerya reticulata* (Bentham) Schot。

紫藤
Wisteria sinensis (Sims) Sweet

落叶藤本。奇数羽状复叶；托叶线状披针形，小叶长4～11cm，宽2～5cm，两面无毛或仅中脉被毛，小叶柄长0.2～0.4cm。总状花序生去年生枝顶，长15～30cm，下垂，花冠紫色。荚果线形扁平，密被绒毛。花期4～5月，果期5～10月。武功山蔡家村有分布；海拔700～1000m。用途：园林观赏。

胡枝子
Lespedeza bicolor Turcz.

落叶灌木。老枝近无毛。三出复叶，小叶长1.5~5cm，宽1~3cm，先端凹；叶背被平伏毛。萼齿4枚，总状花序顶生或腋生。花浅紫色，后白色。果长1cm，具绒毛。花期7~9月，果期11月。武功山各地有分布；海拔150~1000m。用途：水土保持；园林绿化。

绿叶胡枝子
Lespedeza buergeri Miq.

直立灌木。枝灰褐色或淡褐色。托叶2，线状披针形；小叶长3~7cm，宽1.5~2.5cm，上面鲜绿色，光滑无毛，下面灰绿色，密被贴生的毛。总状花序腋生，在枝上部者构成圆锥花序；苞片褐色，密被柔毛；花萼钟状密被长柔毛；花冠淡黄绿色，旗瓣近圆形，基部两侧有耳，具短柄，翼瓣椭圆状长圆形，基部有耳和瓣柄，瓣片稍带紫色。荚果长圆状卵形，表面具网纹和长柔毛。花期6~7月，果期8~9月。武功山草甸零星分布；海拔2000m以下。用途：水土保持。

大叶胡枝子
Lespedeza davidii Franch.

落叶灌木,高1~3m。枝条较粗壮,有明显的条棱,密被长柔毛。托叶2,长5mm;密被短硬毛;长3.5~13cm,宽2.5~8cm,先端圆或微凹,两面密被黄白色绢毛。总状花序腋生或于枝顶形成圆锥花序;总花梗长4~7cm,密被长柔毛;花萼阔钟形,被长柔毛;花红紫色,旗瓣顶端圆或微凹,基部具耳和短柄,翼瓣狭长圆形,比旗瓣和龙骨瓣短,长7mm,基部具弯钩形耳和细长瓣柄,龙骨瓣略呈弯刀形,与旗瓣近等长,基部有明显的耳和柄。荚果卵形,稍歪斜,表面具网纹和稍密的绢毛。花期7~9月,果期9~10月。武功山草甸有零星分布;海拔2000m以下。用途:观赏。

美丽胡枝子
Lespedeza formosa (Vog.) Koehne.

落叶灌木。多分枝,被疏柔毛。托叶披针形至线状披针形,褐色,被疏柔毛;叶柄长1~5cm,被短柔毛;小叶椭圆形或卵形,上面绿色,稍被短柔毛,下面淡绿色,贴生短柔毛。总状花序单一,腋生,或顶生的圆锥花序。荚果倒卵形,表面具网纹且被疏柔毛。花期7~9月,果期9~10月。武功山各地有分布;海拔1500m以下。用途:水土保持;花入药。在《Flora of China》中拉丁学名已修改为: *Lespedeza thunbergii* subsp. *formosa* (Vogel) H. Ohashi。

常春油麻藤
Mucuna sempervirens Hemsl.

常绿木质藤本。三出复叶；叶柄长5.5~12cm，具浅沟，无毛；小叶全缘，长7~13cm。总状花序生老茎。荚果木质，被黄锈毛。花期4~5月，果期9~10月。萍乡孽龙洞等地有分布；海拔200~500m。用途：茎藤药用；种子可榨油。

野大豆
Glycine soja Sieb. et Zucc.

一年生缠绕草本。茎密被伏贴长硬毛。三出复叶，两面密被伏毛；托叶宽披针形，被硬毛；顶生小叶长2.5~8cm，宽1~3.5cm，先端急尖；侧生小叶基部偏斜。总状花序腋生，长2~5cm；花小，长5~7mm；花冠淡紫色。荚果扁平，密被棕褐色长硬毛。花期6~8月，果期9~10月。武功山各地有分布；海拔1000m以下。用途：大豆育种材料。

山梅花科 Philadelphaceae

四川溲疏
Deutzia setchuenensis Franch.

落叶灌木。老枝无毛。叶长2～8cm，宽2～5cm，边缘具细齿，上面近无毛，下面疏被星状毛和短毛。伞房状聚伞花序长1.5～4cm，花序和花疏被毛；花瓣白色，子房下位。蒴果，宿存萼裂片内弯。花期4～7月，果期6～9月。武功山有分布；海拔750m以下。用途：园林观赏。

牯岭山梅花
Philadelphus sericanthus var. *kulingensis* (Koehne) Hand.-Mazz.

落叶灌木。小枝褐色，无毛或疏被毛。叶长3～11cm，宽1.5～5cm，边缘具锯齿，齿端具角质点，上面疏被糙伏毛，下面仅沿主脉和脉腋被长硬毛；叶脉近离基3～5条。总状花序，花序轴长5～15cm，疏被毛。蒴果倒卵形。花期5～6月，果期8～9月。武功山各地有分布；海拔1000～1500m。用途：园林观赏。

山梅花
Philadelphus incanus Koehne

落叶灌木。枝被微柔毛或无毛；花枝上的叶较小。叶长6~12.5cm，宽8~10cm，边缘具疏锯齿，上面被刚毛，下面密被白色长粗毛，叶脉离基出3~5条；叶柄长0.5~1cm。总状花序，疏被长柔毛或无毛。蒴果倒卵形。花期5~6月，果期7~8月。武功山有栽培。用途：园林观赏。

绣球花科 Hydrangeaceae

莽山绣球
Hydrangea mangshanensis Wei

落叶灌木。小枝棕红色，被毛。叶长7~11cm，宽2.5~4cm，边缘具稀疏小齿，叶面被稀疏伏毛，下面无毛；叶柄长1~2cm。伞房状聚伞花序顶生；不育花萼片3~4，全缘；雄蕊10枚。花期5~6月，果期10~11月。武功山羊狮幕等地有分布；海拔850~1100m。用途：园林观赏。

中国绣球
Hydrangea chinensis Maxim.

落叶灌木。小枝褐色，初时被短柔毛，后渐变无毛。叶长6～12cm，宽2～4cm，两面被疏短柔毛或仅脉上被毛，下面脉腋间常有髯毛。伞房状聚伞花序顶生，不育花萼片3～4枚，全缘或具数小齿，雄蕊10～11枚。蒴果卵球形。花期5～6月，果期9～10月。武功山各地有分布；海拔500～1250m。用途：园林观赏。

圆锥绣球
Hydrangea paniculata Sieb.

落叶灌木。枝初时被疏柔毛，后无毛。叶2～3片对生或轮生，长5～14cm，宽2～6.5cm，边缘有锯齿，上面无毛或有稀疏糙伏毛，下面无毛；叶柄长1～3cm。圆锥状聚伞花序尖塔形，序轴及分枝密被短柔毛；不育花较多。蒴果椭圆形。花期7～8月，果期10～11月。武功山各地有分布；海拔1600m以下。用途：园林观赏。

蜡莲绣球
Hydrangea strigosa Rehd.

落叶灌木。枝密被糙伏毛。叶长8~28cm，宽2~10cm，边缘有具硬尖头小锯齿，上面被稀疏糙伏毛或近无毛，下面被短毛；叶柄长1~7cm，被糙伏毛。伞房状聚伞花序，密被糙伏毛；不育花萼片4~5枚。蒴果坛状。花期7~8月，果期11~12月。武功山下冲村等地有分布；海拔500~1200m。用途：园林观赏。

阔叶蜡莲绣球
Hydrangea strigosa var. *macrophylla* (Hemsl.) Rehd.

落叶灌木。花粉红色。与蜡莲绣球的区别：本变种叶阔卵圆状披针形，叶片较宽大，基部心形。果期10月。武功山各地有分布；海拔1000m以下。用途：园林观赏。在《Flora of China》中归并为：蜡莲绣球。

钻地风

Schizophragma integrifolium Oliv.

落叶藤本无毛。叶长 8～20cm，宽 3.5～12.5cm，全缘或上部具小齿，叶背有时沿脉被疏短毛，后无毛，脉腋具丛毛；叶柄长 2～9cm。伞房状聚伞花序被毛，不育花萼片 1 枚黄白色，长 3～7cm，宽 2～5cm。花期 6～7 月，果期 10～11 月。武功山各地有分布；海拔 400～1000m。用途：园林垂直绿化。

华东钻地风

Schizophragma hydrangeoides f. *sinicum* C.C.Yang

与钻地风接近，但华东钻地风叶缘具明显整齐的锯齿。武功山各地有分布；海拔 800～1400m。用途：园林垂直绿化。

冠盖藤
Pileostegia viburnoides Hook. f. et Thoms.

常绿藤本。枝、叶无毛。叶对生，长 10～18cm，宽 3～7cm，全缘。伞房状圆锥花序顶生，蒴果圆锥形。花期 7～8 月，果期 9～12 月。武功山各地有分布；海拔 600～1100m。用途：园林垂直绿化。

常山（黄常山）
Dichroa febrifuga Lour.

落叶灌木。枝具四棱。叶形状大小变异大，长 6～25cm，宽 2～10cm，两面无毛；叶柄长 1.5～5cm。伞房状圆锥花序顶生，花蓝色或白色；雄蕊 10～20 枚；浆果蓝色。花期 2～4 月，果期 5～8 月。武功山各地有分布；海拔 1200m 以下。用途：根用于抗疟疾药。

鼠刺科 Iteaceae

鼠刺
Itea chinensis Hook. et Arn.

常绿灌木。枝、叶无毛。叶革质，长5～15cm，宽3～6cm，边缘上部具不明显锯齿，呈波状或近全缘；叶柄长1～2cm，无毛，上面有浅槽沟。腋生总状花序。蒴果被微毛，具纵条纹。花期3～5月，果期5～12月。武功山各地有分布；海拔300～1000m。用途：园林绿化。

安息香科 Styracaceae

银钟花
Halesia macgregorii Chun

落叶乔木。叶长6～10cm，宽2.5～4cm，边缘具细齿，下面脉腋有簇毛；叶柄长0.7～1.5cm。总状花序短而似簇生枝腋；花萼筒倒圆锥形，具4裂齿；花冠白色宽钟形，裂片4；雄蕊8枚，花丝基部1/5合生，与花柱均伸出冠外；子房下位。核果具4纵翅。果期7月。武功山红岩谷等地有分布；海拔600～1100m。用途：园林观赏；优质木材。

陀螺果
Melliodendron xylocarpum Hand. -Mazz.

落叶乔木。顶芽、枝被星状毛，后无毛。叶长9.5～21cm，宽3～8cm，边缘有细齿，嫩叶两面密被星状毛，后近无毛；叶柄长0.3～1cm。花白色或粉红色。果长4～7cm，宽3～4cm，外被星状绒毛，有5～10棱脊。花期4～5月，果期7～10月。武功山各地有分布；海拔600～1000m。用途：园林观赏；优质用材。

赤杨叶（拟赤杨）
Alniphyllum fortunei (Hemsl.) Makino

落叶乔木。枝无毛。叶长8～16cm，宽4～7cm，具疏硬质锯齿，两面具星状短毛；叶柄长1～2cm，被星状短毛。总状或圆锥花序顶生、腋生；花序梗和花梗密被星状毛；花白色或粉红色，雄蕊10枚，花丝扁平，下部合生为管状；蒴果椭圆形。花期4～7月，果期8～10月。武功山各地有分布；海拔300～1000m。用途：工业用材；园林绿化。

小叶白辛树
Pterostyrax corymbosus Sieb. et Zucc.

落叶乔木。嫩枝密被星状短柔毛，老枝无毛，灰褐色。叶纸质，倒卵形长6～14cm，宽3.5～8cm，顶端急渐尖或急尖，基部楔形或宽楔形，边缘有锐尖的锯齿，嫩叶两面均被星状柔毛，尤以背面被毛较密，成长后上面无毛，下面稍被星状柔毛；叶柄长1～2cm，上面具深槽，被星状柔毛。圆锥花序伞房状，长3～8cm；花白色，长约10mm；花梗极短，长1～2mm；花萼钟状；花冠裂片长圆形，长约1cm，宽约3.5mm，近基部合生，顶端短尖，两面均密被星状短柔毛。果实倒卵形，长1.2～2.2cm，5翅，密被星状绒毛，顶端具长喙，喙圆锥状，长2～4mm。花期3～4月，果期5～9月。武功山各地有分布；海拔800m以下。用途：用材；园林绿化；花提取香精。

栓叶安息香（红皮树）
Styrax suberifolius Hook. et Arn.

常绿乔木。嫩枝、叶背、叶柄、花序密和果被锈褐色星状毛。叶长5～15cm，宽2～5cm；叶柄长0.5～1cm。总状花序或圆锥花序腋生、顶生，花梗长0.2cm；花萼杯状。果球形，顶端3瓣裂，具宿存花萼。花期3～5月，果期9～11月。武功山里山村等地有分布；海拔300～900m。用途：园林绿化；花提炼香精。

越南安息香（东京野茉莉）
***Styrax tonkinensis* (Pierre) Craib ex Hartw.**

落叶乔木。枝、花序被褐色绒毛，后无毛。叶卵圆形，长 5～18cm，宽 4～10cm，全缘，下面密被星状绒毛，侧脉 5～6 条，第三级小脉近平行；叶柄长 0.8～1.5cm。圆锥花序或总状花序；花白色。果外被星状绒毛。花期 4～6 月，果熟期 8～10 月。武功山各地有分布；海拔 900m 以下。用途：优质用材；花提取香精。

野茉莉（安息香）
***Styrax japonicus* Sieb.et Zucc.**

落叶灌木。近无毛。叶长 4～10cm，宽 2～5cm，全缘或上部具疏齿，下面仅脉腋具髯毛；叶柄长 0.5～1cm。总状花序顶生，花白色下垂。果顶端具短尖，密被星状绒毛。花期 4～7 月，果期 9～11 月。武功山各地有分布；海拔 500～1100m。用材；花提取香精。

白花龙
Styrax faberi Perk.

落叶灌木。枝无毛。叶长 4~11cm，宽 3~3.5cm，嫩叶两面无毛或密被星状柔毛，侧脉每边 5~6 条，第三级小脉网状，两面隆起；叶柄长 0.2cm。总状花序顶生，下部常单花腋生，花序和花梗被星状毛；花白色下弯。果近球形，密被星状短毛。花期 4~6 月，果期 8~10 月。武功山各地有分布；海拔 200~800m。用途：水土保持；花提取香精。

赛山梅
Styrax confuses Hemsl.

落叶小乔木。枝近无毛。叶长 4~14cm，宽 2.5~7cm，两面仅叶脉有毛，侧脉每边 5~7 条，第三级小脉网状，两面隆起；叶柄长 0.3cm，被星状毛。总状花序顶生，下部有 2~3 花聚生叶腋；花白色。果被星状绒毛。花期 4~6 月，果期 9~11 月。武功山各地有分布；海拔 200~1200m。用途：种子油制润滑油、肥皂和油墨等。

山矾科 Symplocaceae

白檀
Symplocos paniculata (Thunb.) Miq.

落叶小乔木。嫩枝被柔毛,叶长3~11cm,宽2~4cm,中脉在叶面凹下,叶柄长0.3~0.5cm。圆锥花序长5~8cm,有柔毛,花冠白色。核果无毛,长0.5~0.8cm。武功山各地有分布;海拔700m以下。用途:果榨油,食用;叶药用;根皮与叶作农药用。

华山矾
Symplocos chinensis (Lour.) Druce

落叶灌木。嫩枝、叶柄、叶背均被柔毛。叶长4~10cm,宽2~5cm,中脉在叶面凹下。圆锥花序顶生或腋生,长4~7cm,花序轴、苞片、萼外面均密被柔毛,花冠白色。核果长0.5~0.7cm,被紧贴的柔毛。花期4~5月,果期8~9月。武功山羊狮幕路上等地有分布;海拔200~1400m。用途:根入药,种子油制肥皂。在《Flora of China》中已归并为:白檀。

薄叶山矾
Symplocos anomala Brand

常绿灌木。顶芽、嫩枝被褐色柔毛。叶长5~11cm，宽1.5~3cm，中脉和侧脉在叶面均凸起。总状花序腋生，长0.8~1.5cm，花冠白色。核果褐色，长圆形，长0.7~1cm，被短柔毛，有明显的纵棱。花果期4~12月，边开花边结果。武功山各地有分布；海拔400~900m。用途：园林绿化。

光叶山矾
Symplocos lancifolia Sieb. et Zucc.

常绿小乔木。芽、嫩枝、嫩叶背面脉上、花序均被黄褐色柔毛；小枝细长，黑褐色，无毛。叶长3~9cm，宽1.5~3.5cm，中脉在叶面平坦，叶柄长约0.5cm。穗状花序长1~4cm；花冠淡黄色，5深裂几达基部。核果近球形，直径约0.4cm。花期3~11月，果期6~12月。武功山各地有分布；海拔950m以下。用途：叶可作茶；根药用，治跌打。

茶条果（叶萼山矾）
Symplocos phyllocalyx Clarke

常绿小乔木。小枝稍具棱，无毛。叶长6～13cm，宽2～4cm，边缘具波状浅锯齿；中脉和侧脉在叶面均凸起。穗状花序长0.8～1.5cm，花序轴具短柔毛。核果椭圆形，长1～1.5cm，宽0.6cm。花期3～4月，果期6～8月。武功山红岩谷等地有分布；海拔850～1500m。用途：茎皮纤维可造纸；种子可榨油；供制肥皂用；园林观赏。

黄牛奶树
Symplocos laurina (Retz.) Wall.

常绿乔木。小枝无毛，芽被褐色柔毛。叶长7～14cm，宽2～5cm，边缘有细小的锯齿，中脉在叶面凹下。穗状花序长3～6cm，花序轴通常被柔毛，花冠白色，长约0.4cm，5深裂几达基部。核果球形，直径0.4～0.6cm。花期8～12月，果期翌年3～6月。武功山各地有分布；海拔650～1200m。用途：木材作板料；种子油作滑润油或制肥皂；树皮药用；园林绿化。在《Flora of China》中拉丁学名已修改为：*Symplocos cochinchinensi*s var. *laurina* (Retzius) Nooteboom。

山矾
Symplocos sumuntia Buch.-Ham. ex D. Don

常绿乔木。嫩枝褐色。叶长 3.5～8cm，宽 1.5～3cm，边缘具浅锯齿或波状齿，有时近全缘；中脉在叶面凹下。总状花序长 2.5～4cm，被展开的柔毛；花冠白色，长 0.4～0.5cm，裂片背面有微柔毛。核果卵状坛形，长 0.7～1cm。花期 2～3 月，果期 6～7 月。武功山各地有分布；海拔 400～1000m。用途：根、叶、花药用；叶可作媒染剂。

南岭山矾
Symplocos confusa Brand

常绿小乔木。芽、花序、苞片及萼均被灰色或灰黄色柔毛。叶长 5～12cm，宽 2～4.5cm，全缘或具疏圆齿；中脉在叶面凹下。总状花序长 1～4.5cm，花冠白色，长 0.4～0.7cm，5 深裂至中部。核果卵形，顶端圆，长 0.4～0.5cm，外面被柔毛。花期 6～8 月，果期 9～11 月。武功山有分布；海拔 700～1000m。用途：园林绿化。在《Flora of China》中拉丁学名已修改为：*Symplocos pendula* var. *hirtistylis*（C. B. Clarke）Noot.。

铁山矾
Symplocos pseudobarberina Gontsch.

常绿乔木。全株无毛，老枝灰黑色。叶长 5～10cm，宽 2～4cm，边缘有稀疏的浅波状齿或全缘；中脉在叶面凹下。总状花序基部常分枝，长约 3cm，无毛；花梗粗、长；花冠白色。核果长圆状卵形，长 0.6～0.8cm。武功山各地有分布；海拔 500～1000m。用途：园林绿化。

老鼠矢
Symplocos stellaris Brand

常绿乔木。小枝粗，髓心中空，具横隔。芽、嫩枝、嫩叶柄、苞片和小苞片均被红褐色绒毛。叶长 6～20cm，宽 2～5cm，叶背粉褐色；中脉在叶面凹下，在叶背明显凸起；叶柄有纵沟。团伞花序着生于 2 年生枝的叶痕之上；花冠白色。核果狭卵状圆柱形，长约 1cm。花期 4～5 月，果期 6 月。武功山各地有分布；海拔 200～1000m。用途：园林观赏；叶药用。

腺柄山矾
Symplocos adenopus Hance

常绿灌木。小枝稍具棱，芽、嫩枝、嫩叶背面、叶脉、叶柄均被褐色柔毛。叶长8～16cm，宽2～6cm，边缘及叶柄两侧有大小相间半透明的腺锯齿；中脉及侧脉在叶面明显凹下，叶柄长0.5～1.5cm。团伞花序腋生；花冠白色，长约0.5cm。核果圆柱形，长0.7～1cm。花期11～12月，果期翌年7～8月。武功山羊狮幕等地有分布；海拔700～1100m。用途：园林绿化。

团花山矾（宜章山矾）
Symplocos glomerata King ex C.B.Clarke

常绿灌木。叶革质，长9～18cm，宽2～4cm，边缘具腺齿；中脉和侧脉在叶面均凹下，叶柄两侧具一排腺齿。团伞花序，花冠长0.4～0.5cm，5深裂几达基部。核果圆柱形，长0.6～1cm。花期7月，果期8月。武功山吊马桩等地有分布；海拔700～1100m。用途：园林绿化。

武功山矾

Symplocos wugongensis R. L. Liu et Y.F.Xie Sp. nov.

常绿小乔木。高3～10m；小枝圆柱形，顶芽圆锥形；全株无毛。叶厚革质，长圆形状或椭圆形，长7～15cm，宽2.5～4.5cm，先端渐尖，基部宽楔形，边缘具疏钝齿，齿端具黑色质点，叶缘反卷，中脉在叶面明显凸起；叶柄长0.4～1cm。极短穗状花序似呈团伞状；苞片阔卵形；花萼4枚，长0.3cm，裂片顶端近圆形；花冠淡绿紫色，长0.4cm，4深裂近基部；雄蕊20～30枚，花丝长短不一。核果近椭圆状柱形，长0.8～1.1cm，顶端具直立的宿萼裂片。花期4月，果成熟期9～10月。武功山红岩谷山顶溪边有分布；海拔1578m。用途：园林绿化。与四川山矾 *Symplocos setchuensis* Brand 接近，但四川山矾小枝具棱，花冠白色、5裂，花萼5裂。

山茱萸科 Cornaceae

灯台树

Bothrocaryum controversum (Hemsl.) Pojark.

落叶乔木。枝无毛。叶互生，长6～13cm，宽3.5～9cm，全缘，下面密被淡白色平贴短柔毛；叶柄2～6.5cm。伞房状聚伞花序顶生；花白色，花瓣4片。核果球形，成熟时紫红色至蓝黑色。花期5～6月，果期7～8月。武功山各地有分布；海拔700～1500m。用途：果实榨油；园林绿化。在《Flora of China》中拉丁学名已修改为：*Cornus controversa* Hemsl.。

青荚叶
Helwingia japonica (Thunb.) Dietr.

落叶灌木。全株无毛。叶 3.5～18cm，宽 2～6.5cm，边缘具刺状锯齿。花 3～5 数，花瓣镊合状排列；雄花 4～12 枚，呈伞形或密伞花序生于叶面中脉；雌花 1～3 枚生于叶面中脉。浆果成熟后黑色。花期 4～5 月，果期 8～9 月。武功山杨家岭等地有分布；海拔 800～1100m。用途：全株药用。

秀丽四照花
Dendrobenthamia elegans Fang et Hsieh

常绿乔木。叶对生，长 5.5～8.2cm，宽 2.5～3.5cm，全缘，两面无毛。头状花序直径 1cm；总苞片倒卵状长圆椭圆形，花萼管状，上部 4 裂；花瓣 4 片。果序球形，直径 1.5～1.8cm，红色，微被白色贴生短毛；总果梗无毛。花期 6 月，果期 11 月。武功山各地有分布；海拔 600～850m。在《Flora of China》中拉丁学名已修改为：*Cornus hongkongensis* Hemsl. subsp. *elegans*（W. P. Fang et Y. T. Hsieh）Q. Y. Xiang。

香港四照花
Dendrobenthamia hongkongensis (Hemsl.) Hutch.

常绿乔木。幼枝疏被贴生短柔毛，老枝无毛。叶长6~13cm，宽3~6cm，嫩时两面被贴生短柔毛。头状花序球形；总花密被贴生短柔毛；花瓣4片。果序球形，直径2.5cm，被白色细毛，黄色或红色。花期5~6月，果期11~12月。武功山有分布；海拔350~1700m。用途：用材；果可食用或酿酒。在《Flora of China》中拉丁学名已修改为：*Cornus hongkongensis* Hemsl.。

桃叶珊瑚
Aucuba chinensis Benth.

常绿灌木。枝粗壮，顶芽粗大，全株无毛。叶长10~20cm，宽3.5~8cm，边缘微反卷，具5~8对粗齿；叶柄无毛。圆锥花序顶生，花单性，花萼4枚，花瓣4片。果成熟为鲜红色，圆柱状或卵状。花期1~2月，果熟期翌年2月。武功山羊狮幕、明月山等地有分布；海拔700~1000m。用途：园林观赏。

喜马拉雅珊瑚
Aucuba himalaica Hook. f. et Thoms.

常绿灌木。当年生枝被柔毛，老枝无毛。叶长 10~15cm，宽 3~5cm，叶柄长 2~3cm，被粗毛。雄花序为总状圆锥花序，顶生，紫红色，幼时密被柔毛；雌花序为圆锥花序，紫红色，密被粗毛及红褐色柔毛。果熟后深红色。花期 3~5 月，果期 10 月至翌年 5 月。武功山羊狮幕等地有分布；海拔 800~1200m。用途：园林观赏。

光皮梾木（光皮树）
Swida wilsoniana (Wanger.) Sojak

落叶乔木。树皮块状剥落呈豹斑状；枝无毛。叶长 6~12cm，宽 2~5.5cm，边缘波状，上面散生平贴短毛，下面密被平贴短柔毛；叶柄长 0.8~2cm，被灰白色短毛。顶生圆锥状聚伞花序，被疏毛；花萼 4 枚，花瓣 4 片。核果球形，紫黑色，具平贴短毛。花期 5 月，果期 10~11 月。武功山有分布；海拔 100~750m。用途：园林观赏。

梾木
Swida macrophplla (Wall.) Sojak

乔木。幼枝有棱角，被微毛，老枝具半环形叶痕。叶长9～16cm，宽3.5～8.8cm，叶背被白色平贴短柔毛，沿叶脉有淡褐色平贴小柔毛。伞房状聚伞花序顶生，疏被短柔毛。核果近球形，成熟时黑色，近无毛。花期6～7月，果期8～9月。武功山有分布；海拔600～1100m。用途：园林观赏。

山茱萸
Cornus officinalis Sieb. et Zucc.

落叶乔木。枝无毛。叶长5～10cm，宽2～4.5cm，全缘，上面无毛，下面脉腋密生丛毛；叶柄长0.6～1.2cm。花萼4枚，花瓣4片。核果长椭圆形，红色。花期3～4月，果期9～10月。武功山有分布。用途：果实药用。

八角枫科 Alangiaceae

八角枫
Alangium chinense (Lour.) Harms

落叶乔木。小枝"之"字形，无毛。叶基部偏斜，仅叶背脉腋具丛毛；不裂或 3～7 裂，叶柄长 2.5～3.5cm。聚伞花序腋生，被微毛。核果。花期 5～7 月，果期 7～11 月。武功山各地有分布；海拔 1200m 以下。用途：根入药。

云山八角枫
Alangium kurzii var. *handelii* (Schnarf) Fang

落叶小乔木。叶矩圆状卵形，边缘仅近顶端有不明显的粗锯齿，近全缘或浅波状，长 11～19cm；叶柄长 2～2.5cm。聚伞花序，长 2.5～4cm。核果椭圆形，长 0.8～1cm。花期 5 月，果期 8 月。武功山各地有分布；海拔 1000m 以下。用途：园林绿化。

蓝果树科 Nyssaceae

喜树
Camptotheca acuminata Decne.

落叶乔木。叶互生，长 12~28cm，宽 6~12cm。头状花序近球形，常由 2~9 个头状花序组成圆锥花序，顶生或腋生，花杂性，同株；花萼 5 裂；花瓣 5 片。坚果矩圆形。花期 5~7 月，果期 9 月。武功山各地有分布；海拔 200~1000m。用途：园林绿化；皮、根入药，含喜树碱等药物。

蓝果树
Nyssa sinensis Oliv.

落叶乔木。叶全缘，长 12~15cm，宽 3.5~6cm。花序伞形或短总状，总花梗长 3~5cm；花单性。核果，果梗长 0.3cm，总果梗长 3~5cm。花期 4 月下旬，果期 9 月。武功山各地有分布；海拔 500~1200m。用途：园林观赏；优质用材。

五加科 Araliaceae

常春藤
Hedera nepalensis var. *sinensis* (Tobl.) Rehd.

常绿攀缘灌木。有气生根。叶片在不育枝上为三角状卵形或箭形，长5~12cm，宽3~10cm，全缘或3裂。花枝上的叶片为椭圆状卵形，长5~16cm，宽2~4cm，全缘或1~3浅裂，两面无毛；伞形花序单个顶生或2~7个排列成总状或圆锥花序。核果球形，红色或黄色。花期9~11月，果期翌年3~5月。武功山各地有分布；海拔200~900m。用途：园林藤本植物；全株药用。在《Flora of China》中拉丁学名已修改为：*Hedera sinensis*（Tobler）Hand.-Mazz.。

树参
Dendropanax dentiger (Harms) Merr.

常绿乔木。叶背具腺点，不裂或1~2裂；叶长7~10cm，宽2.5~5cm，两面均无毛，全缘，基生三出脉。伞形花序顶生或复伞形花序；萼片5枚，花瓣5片，雄蕊5枚；花柱5基部合生，顶端离生。核果有5棱。花期8~10月，果期10~12月。武功山各地有分布；海拔500~1200m。用途：茎皮和根治偏头痛、风湿等症；园林观赏。

挤果树参
Dendropanax confertus Li

常绿灌木或乔木。叶片有红黄色半透明腺点，长6～12cm，宽2～4.5cm，两面无毛，基生三出脉，叶柄长0.5～5cm。伞形果序单个顶生，有果多数；果实球形，有棱，果梗长0.3～0.5cm。武功山各地有分布；海拔600～1000m。用途：茎皮入药；园林观赏。

通脱木
Tetrapanax papyrifer (Hook.) K. Koch

落叶小乔木。枝、叶背、花序被毛；茎髓心大。叶大，长50～75cm，宽50～70cm，掌状5～11裂，叶面无毛，下面密生绒毛；叶柄长30～50cm。圆锥花序；花瓣4片。核果球形，紫黑色。花期10～12月，果期翌年1～2月。武功山各地有栽培；海拔450～1000m。用途：茎、根入药。

异叶梁王茶
Nothopanax davidii (Franch.) Harms ex Diels

常绿灌木。叶柄长 5~20cm；两面均无毛，边缘疏生锯齿。圆锥花序顶生；花梗有关节；萼片 5 枚，花瓣 5 片。花期 6~8 月，果期 9~11 月。武功山里山村有分布；海拔 500~900m。用途：全株入药；园林观赏。在《Flora of China》中拉丁学名已修改为：*Metapanax davidii* (Franch.) J. Wen ex Frodin。

吴茱萸五加
Acanthopanax evodiaefolius Franch.

落叶灌木或乔木。枝暗色，无刺。叶有 3 小叶，在长枝上互生，在短枝上簇生；叶柄长 5~10cm，密生淡棕色短柔毛，小叶片长 6~12cm，宽 3~6cm，近无柄。伞形花序通常几个组成顶生复伞形花序，总花梗长 2~8cm，无毛；花瓣 5 片。果实球形，黑色，有 2~4 浅棱。花期 5~7 月，果期 8~10 月。武功山各地有分布；海拔 600~1100m。用途：园林观赏。在《Flora of China》中拉丁学名已修改为：*Gamblea ciliata* var. *evodiifolia* (Franchet) C. B. Shang et al.。

星毛鹅掌柴（星毛鸭脚木）
Schefflera minutistellata Merr. ex Li

常绿小乔木。叶基部宽大联合托叶苞茎，脱落后留下环痕。小枝密生黄棕色星状绒毛，髓较大、片状。掌状复叶有小叶7～15枚；叶柄长12～50cm；叶下面密生星状绒毛，后脱落至无毛。圆锥花序顶生，核果有5棱。花期9月，果期10月。武功山各地有分布；海拔500～1000m。用途：茎和根入药；园林观赏。

鹅掌柴
Schefflera octophylla (Lour.) Harms

常绿乔木或灌木。叶有小叶6～9枚，叶柄长15～30cm，疏生星状短柔毛或无毛；小叶片长9～17cm，宽3～5cm，幼时密生星状短柔毛。圆锥花序顶生，间或有单生花1～2朵；花白色；花瓣5～6片，无毛。果实球形，黑色，有不明显的棱。花期11～12月，果期12月。武功山大王庙等地有分布；海拔450～900m。用途：茎和根入药；园林观赏。在《Flora of China》拉丁学名已修改为：*Schefflera heptaphylla*（Linn.）Frodin。

短梗大参
Macropanax rosthornii (Harms) C. Y. Wu ex Hoo

常绿小乔木。全株无毛。有小叶3～7；叶柄长2～20cm；小叶长6～18cm，宽1.5～3.5cm，边缘疏生钝齿。圆锥花序顶生；花瓣5片，花柱合生成柱状，先端微2裂。花期7～9月，果期10～12月。武功山里山村等地有分布；海拔500～1000m。用途：茎、根入药；治风湿关节炎。

糙叶五加
Acanthopanax henryi (Oliv.) Harms

落叶灌木。本种与五加相近，但本种小叶面被粗短毛，边缘锯齿不整齐。武功山有分布；海拔400～900m。用途：茎皮入药。在《Flora of China》拉丁学名已修改为：*Eleutherococcus henryi* Oliv.。

楤木

Aralia chinensis L.

落叶灌木。茎、枝生刺。叶为二回或三回羽状复叶，长60～110cm；托叶与叶柄基部合生，叶轴无刺；小叶长5～12cm，宽3～8cm，上面疏生糙毛，下面被疏毛，边缘有锯齿，小叶无柄。圆锥花序密生柔毛；花瓣5片。核果黑色。花期7～9月，果期9～12月。武功山各地有分布；海拔300～900m。用途：嫩梢作蔬菜；根皮入药。在《Flora of China》中拉丁学名已修改为：*Aralia elata* (Miq.) Seem.。

棘茎楤木

Aralia echinocaulis Hand.-Mazz.

落叶小乔木。小枝密生细长直刺，刺长0.7～1.4cm。叶为二回羽状复叶，长35～50cm；叶柄长25～40cm，疏生短刺；托叶和叶柄基部合生，栗色；羽片有小叶5～9枚，基部有小叶1对；长4～11.5cm，宽2.5～5cm，两面均无毛，下面灰白色，边缘疏生细锯齿。圆锥花序大，长30～50cm，顶生。花期6～8月，果期9～11月。武功山各地有分布；海拔300～1200m。用途：茎、根入药。

黄毛楤木
Aralia decaisneana Hance

落叶灌木。茎皮灰色，有纵纹和裂隙；新枝密生黄棕色绒毛，有刺。二回羽状复叶，长1.2m；叶柄长20~40cm，疏生细刺和黄棕色绒毛；羽片有小叶7~13枚，小叶片长7~14cm，宽4~10cm，两面密生黄棕色绒毛，边缘有细尖锯齿。圆锥花序大，密生黄棕色绒毛，疏生细刺。花期10月至翌年1月，果期12月至翌年2月。武功山各地有分布；海拔200~800m。用途：茎、根入药。在《Flora of China》中拉丁学名已修改为：*Aralia chinensis* L.。

虎刺楤木
Aralia armata (Wall.) Seem.

落叶多刺灌木，刺短，基部宽扁，先端通常弯曲。叶为三回羽状复叶，长60~100cm；托叶和叶柄基部合生；叶轴和羽片轴疏生细刺；两面脉上疏生小刺，下面密生短柔毛，后毛脱落，边缘有锯齿，侧脉每边约6条。圆锥花序大，长达50cm，主轴和分枝有短柔毛或无毛，疏生钩曲短刺；花梗有细刺和粗毛；苞片外面均密生长毛；萼无边缘有5个三角形小齿；花瓣5片。果实球形，有5棱。花期8~10月，果期9~11月。武功山有分布；海拔1800m以下。用途：根皮入药。在《Flora of China》中拉丁学名已修改为：*Aralia finlaysoniana* (Wallich ex G. Don) Seemann。

刺楸
Kalopanax septemlobus (Thunb.) Koidz.

落叶乔木。树干生粗刺，刺基扁平；枝无毛。单叶，在长枝为互生，短枝上呈簇生，掌状5～7裂，裂片边缘有细锯齿；叶片直径9～15cm，上面无毛，背面近无毛；叶柄细长，长8～20cm，无毛。圆锥花序长15～25cm，直径20～30cm；伞形花序有花多数；总花梗长2～3.5cm，无毛；花梗无关节；花白色或淡黄色；萼无毛，长约0.1cm，边缘有5小齿；花瓣5片，三角状卵形，长0.2cm；雄蕊5枚；花柱合生，但柱头离生。核果球形，直径0.6cm，蓝黑色。花期6～9月，果期10～12月。武功山新泉杨家村有分布；海拔100～1200m。用途：用材；根皮入药；工业原料。

金缕梅科 Hamamelidaceae

大果马蹄荷
Exbucklandia tonkinensis (Lec.) Steenis

常绿乔木。枝叶无毛；枝有环状托叶痕。叶长8～13cm，宽5～9cm；托叶包被顶芽平扁舌状。蒴果表面有瘤状突起。武功山有分布，海拔350～900m。用途：园林观赏；优质用材。

枫香树
Liquidambar formosana Hance

落叶乔木。叶掌状3裂，掌状脉3～5。蒴果聚生成球形，蒴果下半部藏于花序轴内，具宿存花柱和针刺状萼齿。武功山各地有分布；海拔1000m以下。用途：优质用材；园林绿化；根、叶及果实入药。

缺萼枫香树
Liquidambar acalycina Chang

落叶乔木。叶阔卵形，掌状3裂，长8～13cm，宽8～15cm，中央裂片较长，先端尾状渐尖，两侧裂片三角卵形，稍平展；叶边缘有锯齿，齿尖腺状突整齐上突；叶柄长4～8cm。雄性短穗状花序多个排成总状花序，花序柄长约3cm；雌性头状花序单生于短枝的叶腋内，有雌花15～26朵，花序柄长3～6cm；萼齿不存在，花柱长5～7mm，先端卷曲。头状果序无宿存萼刺，花柱粗短。武功山坪垱至羊狮幕路上等地有分布；海拔600～1200m。用途：园林观赏；速生用材。

半枫荷
Semiliquidambar cathayensis Chang

常绿乔木。枝、叶、芽无毛。叶簇生于枝顶，革质，异型，不分裂的叶片卵状椭圆形，长 8~13cm，宽 3.5~6cm；开裂的叶常为掌状 3 裂（有时为单侧叉状分裂），中央裂片长 3~5cm，两侧裂片卵状三角形，长 2~2.5cm，斜行向上；叶柄长 3~4cm，较粗壮，上部有槽，无毛。雄花的短穗状花序常数个排成总状，长 6cm，花被全缺，雄蕊多数，花丝极短，花药先端凹入；雌花的头状花序单生，萼齿针形，长 2~5mm，有短柔毛，花柱长 6~8mm，先端卷曲，有柔毛，花序柄长 4.5cm，无毛。头状果序直径 2.5cm，有蒴果 22~28 个，宿存萼齿比花柱短。武功山有分布；海拔 350~900m。用途：根、皮入药；园林观赏。

蕈树（阿丁枫）
Altingia chinensis (Champ.) Oliver ex Hance

常绿乔木。枝、叶芽无毛。叶革质，倒卵状矩圆形，长 7~13cm，宽 3~4.5cm，先端短急尖，基部楔形；叶柄长 1cm。雄花短穗状花序长约 1cm，常多个排成圆锥花序，雄蕊多数，近于无柄，花药倒卵形；雌花头状花序单生或数个排成圆锥花序，有花 15~26 朵，苞片 4~5 片，卵形或披针形，长 1~1.5cm；花序柄长 2~4cm。头状果序基底平截。武功山各地有分布；海拔 400~1200m。用途：园林观赏；优质用材。

檵木
Loropetalum chinense (R. Br.) Oliver

落叶灌木。枝有星毛。叶革质，卵形，长2～5cm，宽1.5～2.5cm，两面被粗毛和星状毛；叶柄长2～5mm，有星毛。花3～8朵簇生，有短花梗，白色，比新叶先开放，或与嫩叶同时开放，花序柄长约1cm，被毛；花瓣4片，带状，长1～2cm，先端圆或钝。蒴果卵圆形，长7～8mm，宽6～7mm，先端圆，被褐色星状绒毛，萼筒长为蒴果的2/3。花期3～4月。武功山各地有分布；海拔150～1000m。用途：叶用于止血；根、叶有去瘀生新的功效。

红花檵木
Loropetalum chinense var. *rubrum* Yieh

与檵木近似，但红花檵木的花紫红色。上栗县金山镇白鹤村有野生分布、各地广泛栽培。海拔700m以下。用途：园林观赏。

蜡瓣花
Corylopsis sinensis Hemsl.

落叶灌木。嫩枝有毛，老枝无毛；芽外面有毛。叶长5～9cm，宽3～6cm；上面无毛，下面有星状毛。蒴果被毛。武功山各地有分布；海拔600～1200m。用途：园林观赏。

金缕梅
Hamamelis mollis Oliver

落叶灌木。裸芽有绒毛。叶长8～15cm，宽6～10cm，下面密生灰色星状绒毛。花瓣带状，黄白色；雄蕊4枚。蒴果密被黄褐色星状绒毛。花期5月。武功山青草湖、江山村黄忠寨等地有分布；海拔800～1300m。用途：园林观赏。

蚊母树
Distylium racemosum Sieb. et Zucc.

常绿小乔木。嫩枝有鳞垢，老枝秃净；裸芽，被鳞垢。叶倒卵状椭圆形，长3～7cm，宽1.5～3.5cm，叶面发亮，下面无毛和鳞垢。种脐白色。武功山各地有栽培。用途：园林绿化。

杨梅叶蚊母树
Distylium myricoides Hemsl.

常绿灌木或小乔木。嫩枝有鳞垢，老枝无毛，有皮孔。叶长5～11cm，宽2～4cm，上面干后暗晦无光泽，下面秃净无毛；边缘上半部有小齿突；叶柄长0.5～0.8cm，有鳞垢。总状花序腋生，雄花与两性花同在一个花序上，两性花位于花序顶端，花序轴有鳞垢。蒴果有黄褐色星毛，裂为4片。武功山各地有分布；海拔350～1200m。用途：木材坚实，用材。

水丝梨
Sycopsis sinensis Oliver

常绿乔木。枝叶无毛。叶面暗晦色不发亮，叶长5～12cm，宽2.5～4cm，上部有1～5小突齿。武功山吊马桩、羊狮幕等地有分布；海拔550～1000m。用途：木材坚实，用材。

旌节花科 Stachyuraceae

西域旌节花（喜马旌节花）
Stachyurus himalaicus Hook. f. et Thoms. ex Benth.

落叶灌木。小枝褐红色，具皮孔。叶较窄，无毛，长圆状披针形，长为宽2倍以上，长8~13cm，宽3~4.5cm，侧脉每边5~7条；叶柄紫红色，长0.5~1.5cm。穗状花序腋生，花黄色，几无梗；苞片1枚，三角形；萼片4枚，花瓣4片。浆果近球形。花期3~4月，果期5~8月。武功山各地有分布；海拔400~1000m。用途：园林观赏；茎髓供药用，为中药"通草"。

中国旌节花
Stachyurus chinensis Franch.

落叶灌木。树皮光滑褐色，小枝具皮孔。叶卵形，长5~12cm，宽3~7cm，基部钝圆至近心形，边缘为圆齿状锯齿；叶柄长1~2cm，通常暗紫色。穗状花序腋生，先叶开放，长5~10cm，无梗；花黄色，花瓣4片。果实圆球形，直径6~7cm，无毛。花期3~4月，果期5~7月。武功山各地有分布；海拔400~1000m。用途：园林观赏；茎髓供药用。

黄杨科 Buxaceae

大叶黄杨
Buxus megistophylla Levl.

常绿小乔木。小枝四棱形无无毛。叶长3～7cm，宽1.5～3cm，顶钝或锐；侧脉两面明显，仅叶面中脉基部及叶柄被微细毛，其余均无毛；叶柄长0.2～0.3cm。花期3～4月，果期6～7月。武功山坪垠至羊狮幕路上等地有分布；海拔750～1000m。用途：园林观赏。

黄杨
Buxus sinica (Rehd. et Wils.) Cheng

常绿小乔木。枝圆柱形，有纵棱；小枝四棱形，节间长0.5～2cm；枝、叶无毛。叶具光泽，长1.5～3.5cm，宽0.8～2cm，先端圆钝或微凹，不尖锐，基部圆或楔形；叶面中脉凸，叶柄长0.1～0.2cm。花序腋生，头状；雄花：无花梗；雌花：子房较花柱稍长。蒴果近球形，花柱宿存。花期3月，果期5～6月。武功山各地有分布；海拔1200～2000m。用途：园林观赏。

顶花板凳果（顶蕊三角咪）
Pachysandra terminalis Sieb. et Zucc.

落叶亚灌木。被细毛。叶片菱状倒卵形，长 2.5～5（9）cm，宽 1.5～3（6）cm，上部边缘有齿牙，叶柄基部楔形下延，长 1～3cm，叶面脉上有微毛。花序顶生。果卵形，花柱宿存，反曲。花期 4～5 月。武功山各地有分布；海拔 900～1400m。用途：全株入药；城市林下植物。

东方野扇花
Sarcococca orientalis C. Y. Wu

常绿灌木。小枝具纵棱，被短毛。叶长 6～9cm，宽 2～3cm，中脉上面稍凸，两面无毛；近基生三出脉，叶柄长 0.5～0.8cm。果实球形，熟时黑色。花期 3～9 月，果期 11～12 月。武功山各地有分布；海拔 200～600m。用途：园林观赏。

虎皮楠科 Daphniphyllaceae

交让木
Daphniphyllum macropodum Miq.

常绿乔木。全株无毛。叶矩圆状长椭圆形，叶背粉白色且网脉清晰，长14~25cm，宽3~6.5cm；叶柄淡红色，粗壮，长3~6cm。核果椭圆形，被白粉。花期3~5月，果期8~10月。武功山福星谷、红岩谷等地有分布；海拔650~1500m。用途：园林观赏。

虎皮楠
Daphniphyllum oldhami (Hemsl.) Rosenth.

乔木。叶长9~14cm，宽2.5~4cm，干后叶面暗绿色，叶背通常显著被白粉，网脉清晰；叶柄长2~3.5cm，纤细，上面具槽。雄花序长2~4cm，较短；花梗长约0.5cm，纤细。果椭圆或倒卵圆形，长约0.8cm，径约0.6cm，暗褐至黑色，具不明显疣状突起。花期3~5月，果期8~11月。武功山各地有分布；海拔500~1200m。用途：园林观赏。

杨柳科 Salicaceae

加杨（加拿大杨）
Populus × canadensis Moench.

落叶乔木。全株无毛。叶近等边三角形，长7～10cm，基部截形；叶柄侧扁，顶端有1～2腺体。花期4月，果期5～6月。武功山各地有栽培。用途：行道树；速生用材树种。

银叶柳
Salix chienii Cheng

落叶灌木。枝绿色有绒毛，后近无毛。芽有短毛。叶长2～3.5cm，宽0.7～1.2cm，先端急尖，下面苍白有绢状毛，边缘具细齿；叶柄0.1～0.3cm。花期4月，果期5月。武功山麻田等地有分布；海拔100～800m。用途：护岸植物。

长梗柳
Salix dunnii Schneid.

落叶灌木。枝紫红色后无毛。叶长 2.5~4cm，宽 1.5~2cm，下面密生平伏毛，叶缘具疏齿或近全缘；叶柄长 0.2~0.3cm。子房无毛具长柄。花期 4 月，果期 5 月。武功山各地有分布；海拔 200~850m。用途：护岸植物等。

杨梅科 Myricaceae

杨梅
Myrica rubra (Lour.) Sieb. et Zucc.

常绿乔木。小枝及芽无毛。叶无毛，长 6~15cm，宽 2~3.5cm，全缘或偶有锯齿。花雌雄异株。核果球状，表面具乳头状凸起。花期 4~5 月，果期 5~7 月。武功山各地有分布；海拔 1100m 以下。用途：栽培品种遗传材料；果食用；树皮入药。

桦木科 Betulaceae

雷公鹅耳枥
Carpinus viminea Wall.

落叶乔木。叶长 6～11cm，宽 3～5cm，顶端长尾状，基部圆楔形兼有微心形，边缘具重锯齿，仅叶背沿脉疏被毛；叶柄长 1～3cm，无毛。果苞内外侧基部均具裂片；中裂片卵状披针形，长 1～2cm，内侧边缘全缘，少具疏齿，外侧边缘具粗齿；小坚果无毛，具少数细肋。武功山尽心桥、高天岩等地有分布；海拔 600～1500m。用途：优质用材；园林绿化。

江南桤木
Alnus trabeculosa Hand. -Mazz.

落叶乔木。有长、短枝。叶长 6～16cm，宽 2.5～6cm，边缘具锯齿，叶背脉腋具髯毛。果序矩圆形，长 1～2.5cm；小坚果宽卵形，长 0.3～0.4cm，宽 0.2～0.25cm，果苞木质，具 5 枚浅裂片。武功山各地有栽培；海拔 350～1200m。用途：湿地景观树种；家具等用材。

亮叶桦
Betula luminifera H. Winkl.

落叶乔木。小枝密被柔毛。芽鳞无毛，边缘被短纤毛。叶长4.5~10cm，宽2.5~6cm，边缘具重锯齿，叶下面沿脉疏生柔毛。果序大部单生，长圆柱形，长3~9cm，直径0.6~1cm，小坚果具膜质翅。武功山有分布；海拔600~1300m。用途：园林绿化；优质用材。

壳斗科 Fagaceae

水青冈
Fagus longipetiolata Seem.

落叶乔木。冬芽褐色长达2cm，枝无毛。叶长8~15cm，宽4~6cm，稀较小，先端短渐尖，基部宽楔形，叶缘波浪状，侧脉劲直且直达齿端，叶背中、侧脉被长伏毛或几无毛；叶柄长1~3.5cm。壳斗4(3)瓣裂，小苞片线状，且与壳壁同被柔毛；坚果脊棱顶部有狭而略伸延的薄翅。花期4~5月，果期9~10月。武功山杂溪村玉皇山、羊狮幕等地有分布；海拔600~1000m。用途：优良地板材。

米心水青冈
Fagus engleriana Seem.

落叶乔木。冬芽长达 2.5cm。叶菱状卵形，长 5～9cm，宽 2.5～4.5cm，叶缘波浪状、无锯齿，叶柄长 0.5～1.5cm。果梗长 2～7cm，无毛；壳斗裂瓣长 1.5～1.8cm，小苞片叶状，绿色无毛；上部的小苞片为线状而弯钩、被毛；坚果 2 枚，坚果脊棱的顶部有狭而稍下延的薄翅。花期 4～5 月，果 8～10 月成熟。武功山坪垱至羊狮幕路上等地有分布；海拔 900～1050m。用途：优质用材。

毛锥（南岭栲）
Castanopsis fordii Hance

常绿乔木。枝、叶柄、叶背及花序轴均密被长绒毛。叶长 8～18cm，宽 2.5～6cm，顶端急尖，基部浅心形，全缘；叶柄长 0.2～0.5cm。壳斗密聚于果序轴上，坚果 1 枚，外壁为密刺完全遮蔽；坚果扁圆锥形，果脐占坚果面积约 1/3。花期 3～4 月，果翌年 9～10 月成熟。武功山各地有分布；海拔 200～800m。用途：优质用材；园林绿化。

秀丽锥（乌楣锥，东南锥）
Castanopsis jucunda Hance

常绿乔木，嫩枝具微毛；叶革质，卵状椭圆形，基部阔楔形，长 8~15cm，宽 3~6cm，顶部短渐尖，常一侧略偏斜；中脉在叶面凹陷，侧脉直达齿端；叶柄长 1~2.5cm。雌花序单穗腋生，无毛。果序长 6~15cm；壳斗连刺径 2~3cm，基部无柄；坚果阔圆锥形，高 1~2cm。花期 4~5 月，果次年 9~10 月成熟。武功山羊狮幕沟谷等地有分布；海拔 300~700m。

鹿角锥
Castanopsis lamontii Hance

常绿乔木。芽甚大，枝、叶无毛。叶长 12~30cm，宽 4~10cm，基部近于圆，叶柄长 1.5~3cm。果序轴粗壮，壳斗有坚果 2~3 枚，近圆球形；坚果阔圆锥形，高 1.5~2.5cm，密被短伏毛，果脐占坚果面积的 2/5~1/2。花期 3~5 月，果翌年 9~11 月成熟。武功山各地有分布；海拔 500~1000m。用途：用材。

甜槠
Castanopsis eyrei (Champ.) Tutch.

常绿乔木。枝、叶均无毛。叶卵形，长 5～13cm，宽 1.5～5.5cm，基部偏斜，上部具 2～4 齿；叶柄长 0.7～1cm。壳斗有坚果 1 枚，壳斗顶部的刺密集而较短，坚果顶部锥尖、无毛，果脐位于坚果的底部。花期 4～6 月，果翌年 9～11 月成熟。武功山各地有分布；海拔 500～1200m。用途：用材。

米槠
Castanopsis carlesii (Hemsl.) Hayata

常绿乔木。叶长 6～12cm，宽 1.5～3cm，基部有时稍偏斜，叶全缘，成长叶呈银灰色，叶柄长 1cm 以下，无毛。壳斗近圆球形，长 1～1.5cm；坚果近圆球形，后变无毛，果脐位于坚果底部。花期 3～6 月，果翌年 9～11 月成熟。武功山各地有分布；海拔 200～1000m。用途：速生、用材。

钩锥（钩栲）
Castanopsis tibetana Hance

常绿乔木。茎木质部红色；枝、叶均无毛。叶长15～30cm，宽5～10cm，叶缘至少在近顶部有锯齿状锐齿，叶背红褐色，基部近于圆或短楔尖；叶柄长1.5～3cm。壳斗有坚果1枚；坚果扁圆锥形，高1.5～1.8cm，横径2～2.8cm，被毛，果脐约占坚果面积的1/4。花期4～5月，果翌年8～10月成熟。武功山各地有分布；海拔200～1000m。用途：优质用材。

苦槠
Castanopsis sclerophylla (Lindl.) Schott.

常绿乔木。枝、叶均无毛。叶长7～15cm，宽3～6cm，叶缘在中部以上有锯齿状锐齿，基部宽楔形；叶柄长1.5～2.5cm。壳斗有坚果1枚，稀2～3枚；坚果近圆球形，径1～1.4cm，果脐位于坚果的底部。花期4～5月，果10～11月成熟。武功山各地有分布；海拔200～800m。用途：优质用材；果富含淀粉。

罗浮锥
Castanopsis fabri Hance

常绿乔木。小枝无毛。叶卵状长圆形，长 9～15cm，宽 3～4.5cm，叶柄长 1～2cm。壳斗近球形，坚果 1～3 枚，圆锥形，一侧扁平，无毛；果脐近三角形。武功山各地有分布；海拔 500～1200m。用途：用材；园林绿化。

石栎
Lithocarpus glaber (Thunb.) Nakai

常绿。一年生枝、嫩叶叶柄、叶背及花序轴被紧贴的灰黄色短毛。叶倒卵形或长椭圆形，长 6～14cm，宽 2.5～5.5cm，先端短尾状，全缘；中脉上面凸起；叶背无毛，但被蜡鳞层；叶柄长 1～2cm。果序轴被短柔毛；壳斗碟状，鳞片上宽下窄倒三角形；坚果有白色粉霜，果脐深达 2mm。花期 7～11 月，果翌年同期成熟。武功山各地有分布；海拔 400～1000m。用途：用材；园林绿化。

菴耳柯
Lithocarpus haipinii Chun

常绿乔木。叶厚革质，长 8~15cm，宽 4~8cm，叶缘背卷，叶柄长 2~3.5cm。成熟壳斗碟状或盆状，高 0.3~0.6cm，宽 1.5~2.5cm，坚果近圆球形而略扁，底部平坦，高 1.8~2.6cm，果脐凹陷，深 0.2~0.4cm。花期 7~8 月，果翌年同期成熟。武功山有分布；海拔 700~950m。用途：用材；果含淀粉。

滑皮柯
Lithocarpus skanianus (Dunn) Rehd.

常绿乔木。叶倒卵状椭圆形，长 6~16cm，宽 3.5~5.5cm，叶柄长 1cm 以下。壳斗近圆球形，高 1.4~2cm，包坚果大部分或几全包；坚果宽圆锥形，高 1.2~1.8cm，无毛，果脐深小于 0.1cm。花期 9~10 月，果翌年同期成熟。武功山有分布；海拔 400~800m。用途：用材；果含淀粉，可作饲料。

圆锥柯
Lithocarpus paniculatus Hand.-Mazz.

常绿乔木。叶长椭圆形，长 6～15cm，宽 2.5～5cm，叶柄长 0.6～1cm。果序轴粗 0.4～0.7cm，壳斗包坚果大部分，或全包坚果；壳斗高 0.8～1.8cm，宽 1.8～2.5cm；坚果宽圆锥形，顶部锥尖或圆，宽 1.6～2.3cm，底部果脐口径 1～1.4cm，深约 0.05cm。花期 7～9 月，果翌年同期成熟。武功山有分布；海拔 500～1000m。用途：用材。

港柯（东南石栎）
Lithocarpus harlandii (Hance) Rehd.

常绿乔木。叶硬革质，长 7～18cm，宽 3～6cm，叶柄长 2～3cm。花序着生当年生枝顶部。壳斗浅碗状，宽 1.4～2cm，高 0.6～1cm；坚果高 2.2～2.8cm，宽 1.6～2.2cm，顶部圆或钝，底部果脐深达 0.4cm，口径 0.9～1.2cm。花期 5～6 月，果翌年 9～10 月成熟。武功山各地有分布；海拔 500～1000m。用途：园林绿化；用材。

美叶柯
Lithocarpus calophyllus Chun

常绿乔木。叶硬革质，长 8 ~ 15cm，宽 4 ~ 9cm，叶背无毛；叶柄长 2.5 ~ 5cm。壳斗厚木质，高 0.5 ~ 1cm，宽 1.5 ~ 2.5cm；坚果高 1.5 ~ 2cm，宽 1.8 ~ 2.6cm，果脐口径 1 ~ 1.4cm，深 0.2 ~ 0.4cm。花期 6 ~ 7 月，果翌年 8 ~ 9 月成熟。羊狮幕等地有分布；海拔 500 ~ 1000m。用途：优质用材。

包果柯
Lithocarpus cleistocarpus (Seem.) Rehd. et Wils.

常绿乔木。枝、叶均无毛。叶长 9 ~ 16cm，宽 3 ~ 5cm，叶柄长 1.5 ~ 2.5cm。壳斗近圆球形，顶部平坦，包坚果绝大部分，坚果顶部微凹陷、近平坦或稍弧状隆起，被稀微毛，果脐占坚果面积的 1/2 ~ 3/4。花期 6 ~ 10 月，果翌年秋冬成熟。羊狮幕等地有分布；海拔 700 ~ 1000m。用途：园林绿化；用材。

硬壳柯
Lithocarpus hancei (Benth.) Rehd.

常绿乔木。枝、叶无毛。叶全缘；叶柄长 0.5～4cm。壳斗浅碗状或浅碟状，高 0.3～0.7cm，宽 1～2cm，包坚果 1/3 以下，壳斗 3～5 个一簇，坚果扁圆形，高 0.8～2cm，宽 0.6～2.5cm，顶端圆至尖，无毛，果脐深 0.1～0.25cm，口径 0.5～1cm。花期 4～6 月，果翌年 9～12 月成熟。武功山各地有分布；海拔 600～1000m。用途：用材。

木姜叶柯（多穗柯）
Lithocarpus litseifolius (Hance) Chun

常绿乔木。叶长 8～18cm，宽 3～8cm；中脉在叶面凸起，叶基部下延；叶柄长 1.5～2.5cm。果序长达 30cm，壳斗浅碟状，宽 0.8～1.4cm，坚果宽圆锥形，高 0.8～1.5cm，无毛，常有淡薄的白粉，果脐深达 0.4cm，口径宽达 1.1cm。花期 5～9 月，果翌年 6～10 月成熟。武功山各地有分布；海拔 400～1000m。用途：嫩叶可作茶叶。

灰柯（绵柯）
Lithocarpus henryi (Seem.) Rehd. et Wils.

常绿乔木。枝、叶无毛。叶长 12～22cm，宽 3～6cm；叶柄长 1.5～3.5cm。壳斗浅碗斗，高 0.6～1.4cm，宽 1.5～2.4cm，包坚果约一半，坚果高 1.2～2cm，宽 1.5～2.4cm，顶端圆，常有淡薄的白粉，果脐深 0.05～0.1cm，口径 1～1.5cm。花期 8～10 月，果翌年同期成熟。武功山各地有分布；海拔 400～1000m。用途：用材。

青冈
Cyclobalanopsis glauca (Thunb.) Oerst.

常绿乔木。枝无毛。叶长 7～13cm，宽 3～5.5cm，叶缘中部以上有疏齿；叶面无毛，叶背有平伏单毛，老时渐脱落；叶柄长 1～3cm。壳斗碗形，包坚果的 1/3～1/2，小苞片合生成 5～6 条同心环带。花期 4～5 月，果期 10 月。武功山各地有分布；海拔 400～1100m。用途：园林观赏。

大叶青冈
Cyclobalanopsis jenseniana (Hand.-Mazz.) Cheng et T. Hong

常绿乔木。小枝无毛。叶长 15～30cm，宽6～8(～12cm)，全缘，无毛；叶柄长3～4cm，无毛。壳斗包坚果的1/3～1/2，直径1.3～1.5cm，高0.8～1cm，无毛；坚果长卵形或倒卵形，直径1.3～1.5cm，高1.7～2.2cm，无毛。花期4～6月，果期翌年10～11月。武功山各地有分布；海拔500～1100m。用途：优质用材；种子富含淀粉。

饭甑青冈
Cyclobalanopsis fleuryi (Hick. et A. Camus) Chun

常绿乔木。芽大，卵形，叶长14～27cm，宽4～9cm，叶背粉白色；叶柄长2～6cm。果序轴短，壳斗钟形，包坚果约2/3，口径2.5～4cm，高3～4cm；坚果柱状，直径2～3cm，高3～4.5cm，密被黄棕色绒毛，果脐凸起，直径约1.2cm。花期3～4月，果期10～12月。武功山有分布；海拔600～1000m。用途：优质用材。

云山青冈
Cyclobalanopsis sessilifolia (Blume) Schott.

常绿乔木。叶长 7～14cm，宽 1.5～4cm，全缘或顶端有 2～4 锯齿；叶柄长 0.5～1cm，无毛。壳斗杯形，包着坚果的 1/3，高 0.5～1cm，被灰褐色绒毛，果脐微凸起。花期 4～5 月，果期 10～11 月。武功山各地有分布；海拔 600～1100m。用途：种子含淀粉，可酿酒或作饲料。

细叶青冈
Cyclobalanopsis gracilis (Rehd. et Wils.) Cheng et T. Hong

常绿乔木。叶长 4.5～9cm，宽 1.5～3cm，叶背有伏贴单毛，叶缘 1/3 以上有细齿；叶柄长 1～1.5cm。壳斗碗形，包坚果的 1/3～1/2，直径 1～1.3cm，高 0.6～0.8cm，坚果椭圆形，高 1.5～2cm，果脐微凸。花期 3～4 月，果期 10～11 月。武功山各地有分布；海拔 600～1100m。用途：种子含淀粉，可酿酒或作饲料。

小叶青冈
Cyclobalanopsis myrsinaefolia (Blume) Oerst.

常绿乔木。小枝无毛。叶长 6～11cm，宽 1.8～4cm，叶背粉白色，无毛；叶柄长 1～2.5cm，无毛。壳斗杯形，包坚果的 1/3～1/2，直径 1～1.8cm，高 0.5～0.8cm；坚果卵高 1.4～2.5cm，无毛，果脐平坦。花期 6 月，果期 10 月。武功山各地有分布；海拔 600～1000m。用途：优质用材；园林绿化。

赤皮青冈
Cyclobalanopsis gilva (Blume) Oerst.

常绿乔木。小枝密生灰黄色星状绒毛。叶倒披针形，长 6～12cm，宽 2～2.5cm，叶背被灰黄色星状短绒毛，叶缘中部以上有短芒状锯齿；叶柄长 1～1.5cm。壳斗碗形，包坚果约 1/4；坚果倒卵状椭圆形，高 1.5～2cm，果脐微凸起。花期 5 月，果期 10 月。武功山羊狮幕等地有分布；海拔 600～900m。用途：优良硬木。

曼青冈
Cyclobalanopsis oxyodon (Miq.) Oerst.

常绿乔木。叶两面无毛；叶长13～22cm，宽3～8cm，叶缘有锯齿；叶柄长2.5～4cm。壳斗杯形，包坚果的1/2以上，被灰褐色绒毛；坚果近球形，直径1.4～1.7cm，高1.6～2.2cm，无毛或顶端有微毛；果脐微凸起。花期5～6月，果期9～10月。羊狮幕等地有分布；海拔700～1100m。用途：用材；果含淀粉。

多脉青冈
Cyclobalanopsis multinervis Cheng et T. Hong

常绿乔木。叶长7.5～15.5cm，宽2.5～5.5cm，叶缘1/3以上有尖齿；叶背被伏贴单毛及易脱落的蜡粉层。果序长1～2cm，2～6个果；壳斗杯形，包坚果1/2以下；坚果高1.8cm，无毛；果脐平坦。果期翌年10～11月。武功山各地有分布；海拔800～1300m。用途：用材；园林绿化。

锥栗
Castanea henryi (Skan) Rehd. et Wils.

落叶乔木。枝无毛。叶长圆状披针形，长10~23cm，宽3~7cm，顶部尾状长尖，叶缘锯齿为2~4mm的线状，叶背无毛。壳斗近球形，刺密生，坚果1枚。花期5~7月，果期9~10月。萍乡万龙山至羊狮幕路上等地有分布；海拔700~1200m。用途：果食用。

栗（板栗）
Castanea mollissima Bl.

落叶乔木。托叶长1~1.5cm。叶长11~17cm，宽3.5~7cm，叶背被星芒状伏贴绒毛或脱落变无毛；叶柄长1~2cm。壳斗外壁的刺全遮蔽壳斗，壳斗连刺径4.5~6.5cm；坚果高1.5~3cm。花期4~6月，果期8~10月。武功山各地有分布；海拔900~1200m。用途：果可食用。

茅栗
Castanea seguinii Dode

落叶灌木。托叶长 0.7～1.5cm。叶长 6～14cm，宽 4～5cm，叶背有黄灰色鳞腺；叶柄长 0.5～1.5cm。壳斗外壁密生针状刺，连刺径 3～5cm，刺长 0.6～1cm；坚果长 1.5～2cm。花期 5～7 月，果期 9～11 月。武功山各地有分布；海拔 800～1500m。用途：果可食用。

乌冈栎
Quercus phillyraeoides A. Gray

常绿乔木。枝后渐无毛。叶片革质，倒卵形，长 2～6（～8）cm，宽 1.5～3cm，先端钝尖，基部圆形或近心形，叶缘中部以上具疏锯齿，老叶两面无毛；叶柄长 0.3～0.5cm，被疏毛。壳斗杯形，包坚果的 1/2～2/3，果脐平坦。花期 3～4 月，果期 9～10 月。武功山各地有分布；海拔 900～1500m。用途：用材；果含淀粉。

麻栎
Quercus acutissima Carruth.

落叶乔木。冬芽被柔毛。叶长 8～19cm，宽 2～6cm，叶缘有刺芒状锯齿，叶背脉上有柔毛；叶柄长 1～3cm。壳斗杯形，包坚果约 1/2；坚果高 1.7～2.2cm，果脐突起。花期 3～4 月，果期翌年 9～10 月。上栗鸡冠山等地有分布；海拔 850～1100m。用途：优质用材；壳斗、树皮可提取栲胶。

小叶栎
Quercus chenii Nakai

落叶乔木。叶长 7～12cm，宽 2～3.5cm，基部偏斜，叶缘具刺芒状锯齿，两面无毛；叶柄长 0.5～1.5cm。花序轴被柔毛。壳斗包坚果约 1/3，高约 0.8cm；坚果高 1.5～2.5cm，顶端有微毛；果脐微突起。花期 3～4 月，果期翌年 9～10 月。武功山各地有分布；海拔 500～1000m。用途：优良木材；壳斗、树皮可提取栲胶。

白栎
Quercus fabri Hance

落叶乔木。小枝密生灰色绒毛。叶倒卵形，长 7~15cm，宽 3~8cm，基部楔形，叶缘具波状宽大锯齿；叶柄长 0.3~0.5cm，被绒毛。壳斗包坚果约 1/3，直径 0.8~1.1cm，高 0.4~0.8cm；坚果高 1.7~2cm，无毛，果脐突起。花期 4 月，果期 10 月。武功山各地有分布；海拔 200~900m。用途：果食用；农村薪材。

短柄枹栎
Quercus glandulifera var. *brevipetiolata* (DC.) Nakai

落叶乔木。叶聚生枝顶。叶长 5~11cm，宽 1.5~5cm；叶缘具内弯浅锯齿；叶柄短，长 0.2~0.5cm。壳斗包坚果 1/4~1/3，直径 1~1.2cm，高 0.5~0.8cm；坚果高 1.7~2cm，果脐平坦。花期 3~4 月，果期 9~10 月。武功山各地有分布；海拔 1100~1300m。用途：果含淀粉。在《Flora of China》中已归并为：枹栎 *Quercus serrata* Murray.。

胡桃科 Juglandaceae

枫杨
Pterocarya stenoptera C. DC.

落叶乔木。裸芽被锈色盾状腺体。叶多为偶数羽状复叶，叶轴具翅至翅不发达，与叶柄同被毛；小叶无柄，对生，边缘有锯齿，叶背近无毛或脉腋具毛。坚果具2翅。花期4～5月，果熟期8～9月。武功山各地河边有分布，多见于河边或山涧。用途：护堤护岸树种；树皮提取栲胶。

青钱柳
Cyclocarya paliurus (Batal.) Iljinsk.

落叶乔木。奇数羽状，叶轴被短毛或无毛；小叶近对生或互生，近无小叶柄，叶缘具锐锯齿，叶背沿中脉和侧脉生短毛。坚果周围具盘状翅。花期4～5月，果期7～9月。武功山杨家湾村有分布；海拔500～1100m。用途：嫩叶可制茶；树皮提制栲胶；木材作家具用材。

少叶黄杞
Engelhardia fenzelii Merr.

常绿小乔木。全体无毛；枝木质部白色。偶数羽状复叶，叶柄与叶轴交叉处具黄褐色鳞秕状毛；小叶1~2对，对生或近对生，小叶柄0.5~1cm，全缘。坚果基部具3裂苞片。花期7月，果期9~10月。武功山各地有分布；海拔200~800m。用途：园林观赏；叶可作农药原料。在《Flora of China》中已归并为：黄杞 *Engelhardia roxburghiana* Wall.。

化香树
Platycarya strobilacea Sieb. et Zucc.

落叶乔木。芽鳞边缘具睫毛。奇数羽状复叶，小叶近无柄，长4~11cm，宽1.5~3.5cm，边缘有锯齿；叶背近无毛。两性花序和雄花序在小枝顶端排列成伞房状花序束，直立。果序长椭圆状柱形，长2.5~5cm；宿存苞片木质，长0.7~2cm。花期5~6月，果期7~8月。武功山高天岩、里山村有分布；海拔700~1300m。用途：叶作农药原料；种子榨油。

华东野核桃

Juglans cathayensis var. *formosana* (Hayata) A. M. Lu et R. H. Chang

乔木。幼枝被腺毛，髓心薄片状分隔；顶芽裸露，锥形，长约1.5cm，黄褐色，密生毛。奇数羽状复叶，长40～50cm，叶柄及叶轴被毛，具9～17枚小叶；小叶近对生，无柄，卵状矩圆形或长卵形，长8～15cm，宽3～7.5cm，顶端渐尖，基部斜圆形或稍斜心形，边缘有细锯齿，两面均有星状毛，中脉和侧脉亦有腺毛。雄性柔荑花序生于去年生枝顶端叶痕腋内，雄花被腺毛；雌性花序直立，穗状，生于当年生枝顶端，花序轴密生棕褐色毛。果核较平滑。花期4～5月，果期8～10月。武功山各地有栽培。用途：种子油可食用；木材可作各种家具。在《Flora of China》中已归并为：胡桃楸 *Juglans mandshurica* Maxim.。

榆科 Ulmaceae

榔榆

Ulmus parvifolia Jacq.

落叶乔木。小枝红褐色被柔毛。叶长1.5～5.5cm，宽1～3cm，叶柄长0.2～0.6cm，叶缘单锯齿，叶无毛。聚伞花序。翅果椭圆形，果梗有疏生短毛。花果期8～10月。武功山各地有分布；海拔850m以下。用途：园林绿化；用材。

榉树（光叶榉）
Zelkova serrata (Thunb.) Makino

　　落叶乔木。小枝紫褐色无毛或疏被短毛。叶片长3～10cm，宽1.5～5cm，基部稍偏斜，圆形或浅心形，锯齿粗锐，下面无毛；叶柄长0.2～0.5cm。核果径0.4cm。武功山红岩谷等地有分布；海拔550～1000m。用途：优质用材；园林绿化。

山油麻
Trema cannabina var. *dielsiana* (Hand.-Mazz.) C. J. Chen

　　落叶灌木。小枝紫红色，后渐变棕色，密被斜伸的粗毛。叶薄纸质，叶面被糙毛，粗糙，叶背密被柔毛，在脉上有粗毛；叶柄被伸展的粗毛。雄聚伞花序长过叶柄；雄花被片卵形，外面被细糙毛和多少明显的紫色斑点。武功山各地有分布；海拔200～1000m。用途：纤维原料；能源植物。

朴树
Celtis sinensis Pers.

落叶乔木。枝被微毛。叶长 3～10cm，宽 2～5cm，基部偏斜，边缘中部以上具疏齿，下面叶脉及脉腋具疏毛；叶柄长 0.5～1cm。核果单生或 2～3 个并生叶腋，熟时红褐色；果梗与叶柄近等长。花期 4 月，果期 10 月。武功山各地有分布；海拔 850m 以下。用途：优质用材；园林绿化。

紫弹朴
Celtis biondii Pamp.

落叶小乔木。小枝密被短柔毛，后近无毛。叶长 2.5～7cm，宽 2～3.5cm，基部稍偏斜，中部以上疏具浅齿，叶被仅脉上具疏毛或初被毛较密；叶柄长 0.3～0.6cm，无毛。果梗长 1～2cm；果橘红色。花期 4～5 月，果期 9～10 月。武功山杨家湾村等地有分布；海拔 100～1000m。用途：荒山造林；水土保持。

青檀
Pteroceltis tatarinowii Maxim.

落叶小乔木。树皮片状剥落；枝近无毛。叶长 3～10cm，宽 2～5cm，具不整齐锯齿，基生三出脉，叶背脉腋具丛毛；叶柄长 0.5～1.5cm。坚果周围具翅。花期 3～5 月，果期 8～10 月。武功山羊狮幕、明月山等地有分布；海拔 200～900m。用途：园林观赏；优质用材。

桑科 Moraceae

粗叶榕
Ficus hirta Vahl

落叶小乔木。枝、叶和隐头花序均密被金黄色开展的长硬毛。叶互生，长 10～25cm，有缺裂，边缘具细锯齿。榕果球形，无梗，直径 1～1.5cm。武功山各地有分布；海拔 800m 以下。用途：果可食，具水果型香气。

变叶榕
Ficus variolosa Lindl.

落叶小乔木。植物体无毛，叶片狭椭圆形，长 5～12cm，宽 1.5～4cm，边缘微反卷，侧脉近缘处联结。榕果成对或单生叶腋，球形，表面有瘤体，果梗长 0.8～1.2cm。花期 12 月至翌年 6 月。武功山各地有分布；海拔 850m 以下。用途：园林绿化。

台湾榕
Ficus formosana Maxim.

落叶灌木。小枝、叶柄、叶脉幼时被短柔毛。叶倒卵状长圆形，长 4～11cm，宽 1.5～3.5cm，全缘或上部有疏齿，基部狭楔形。榕果单生叶腋，卵状球形，成熟时绿带红色，果梗长 0.2～0.3cm。花期 4～7 月。武功山各地有分布；海拔 600m 以下。用途：园林绿化。

琴叶榕
Ficus pandurata Hance

落叶小灌木。叶提琴形或倒卵形，长4～8cm，先端有短尖，仅叶背脉有疏毛和小瘤点；叶柄疏被糙毛，长0.3～0.5cm。榕果单生叶腋，鲜红色，椭圆形，直径0.6～1cm。花期6～8月。武功山各地有分布；海拔900m以下。用途：园林观赏。

天仙果
Ficus erecta var. *beecheyana* (Hook. et Arn.) King

落叶小乔木。叶片倒卵形，长7～20cm，宽3～9cm，全缘或上部偶有疏齿，上面粗糙疏生毛，下面被柔毛；叶柄长1～4cm，密被白色短硬毛。榕果单生叶腋，具总梗，梨形，隐花果直径1.1～2cm。花果期5～6月。武功山三尖峰等地有分布；海拔900m以下。用途：园林观赏；果可食。在《Flora of China》中已修改为：矮小天仙果 *Ficus erecta* Thunb.。

薜荔
Ficus pumila Linn.

藤本。叶二型，营养枝叶卵状心形，长约 2.5cm；结果枝叶卵形，长 5～10cm，宽 2～3.5cm，基部圆形至浅心形，全缘，背面被褐色柔毛；叶柄长 0.5～1cm。榕果单生叶腋，初具短毛。花果期 5～8 月。武功山各地有分布；海拔 900m 以下。用途：果可做凉粉；也可入药；园林垂直绿化。

珍珠莲
Ficus sarmentosa var. *henryi* (King et Oliv.) Corner

木质攀缘匍匐藤状灌木。枝、叶、叶柄被长柔毛。叶卵状椭圆形，长 8～10cm，宽 3～4cm；榕果圆锥形，成对腋生，无总梗。武功山各地有分布；海拔 700m 以下。用途：垂直绿化。

鸡桑
Morus australis Poir.

落叶乔木。叶长5～14cm，宽3.5～12cm，基部心形，边缘不裂或提琴状3～5裂，表面粗糙，密生短刺毛，背面疏被粗毛；叶柄长1～1.5cm，被毛。聚花果短椭圆形，长约1.5cm，熟时暗紫色。花期3～4月，果期4～5月。武功山麻田尽心桥等地有分布；海拔500～1000m。用途：纤维原料；果可食或酿酒。

桑
Morus alba L.

落叶灌木。枝有细毛。叶长5～15cm，宽5～12cm，基部近心形，边缘锯齿粗钝或缺裂，无毛，背面沿脉有疏毛，脉腋有簇毛。花单性；雌花序总花梗长0.5～1cm。聚花果熟时红色或暗紫色。花期4～5月，果期5～8月。武功山各地有栽培。用途：蚕之饲料。

华桑

Morus cathayana Hemsl.

落叶小乔木。叶厚纸质,广卵形,长8～20cm,宽6～13cm,基部心形,略偏斜,上面疏生平伏毛,下面密生细柔毛。聚花果圆筒形,长2～3cm。花期4～5月,果期5～6月。武功山各地有分布;海拔200～850m。用途:纤维原料。

构树

Broussonetia papyrifera (L.) L'Hér. ex Vent.

落叶乔木。小枝、叶密生柔毛。叶长6～18cm,宽5～9cm,基部心形,两侧偏斜,边缘具粗锯齿,不分裂或3～5裂,基生三出脉。花雌雄异株;雄花序为柔荑花序,雌花序头状。聚花果成熟时橙红色,肉质。花期4～5月,果期6～7月。武功山各地有分布;海拔500m以下。用途:饲料;纤维原料;水土保持。

小构树（楮）
Broussonetia kazinoki Sieb.

落叶灌木。叶长3～7cm，宽3～4.5cm，基部斜圆形，叶背无毛。花雌雄同株；雄花序球形头状，雌花序球形。聚花果球形，直径0.8～1cm。花期4～5月，果期5～6月。武功山各地有分布；海拔400～1000m。用途：纤维原料；园林绿化。

藤构
Broussonetia kaempferi var. *australis* Suzuki

藤状灌木。叶长3.5～8cm，宽2～3cm，基部浅心形，叶背、叶柄具毛。花雌雄异株，雄花序短穗状，雌花球形头状花序。聚花果直径1cm，花柱线形，延长。花期4～6月，果期5～7月。武功山各地有分布；海拔200～1100m。用途：纤维原料；园林观赏。

构棘
Cudrania cochinchinensis (Lour.) Kudo et Masam.

常绿攀缘状灌木。枝无毛，具腋生刺。叶长3~8cm，宽2~2.5cm，全缘，两面无毛；叶柄长1cm。花雌雄异株，聚合果肉质，熟时橙红色。花期4~5月，果期6~7月。武功山各地有分布；海拔200~900m。用途：水土保持。

杜仲科 Eucommiaceae

杜仲
Eucommia ulmoides Oliv.

落叶乔木。枝无毛。叶长6~15cm，宽3.5~6.5cm，仅叶背脉上有毛。花生当年枝基部，雄花无花被；雌花单生。翅果扁平，先端2裂，周围具翅；坚果位于中央。花期4~5月；果期11~12月。武功山各地有栽培。用途：树皮药用；工业原料及绝缘材料；抗酸、碱腐蚀。

大风子科 Flacourtiaceae

柞木
Xylosma racemosum (Sieb. et Zucc.) Miq.

常绿乔木。有枝刺，枝近无毛。叶长 4～8cm，宽 2.5～3.5cm，基部楔形，边缘有锯齿，两面无毛，叶柄有毛。总状花序腋生。浆果球形。花期春季，果期冬季。武功山各地有分布；海拔 400～800m。用途：用材；园林观赏。在《Flora of China》中拉丁学名已修改为：*Xylosma congesta* (Loureiro) Merrill.。

山桐子
Idesia polycarpa Maxim.

落叶乔木。叶心状卵形，长 13～16cm，宽 12～15cm，基部心形，边缘有粗齿，齿尖有腺体，下面有白粉，沿脉有疏柔毛，脉腋有丛毛，基出脉 5；叶柄有 2～4 个腺体。花单性，雌雄异株，顶生圆锥花序下垂，花序梗有疏柔毛。浆果红色。花期 4～5 月，果熟期 10～11 月。武功山各地有分布；海拔 400～1200m。用途：种子榨油；园林观赏。

瑞香科 Thymelaeaceae

北江荛花
Wikstroemia monnula Hance

落叶灌木。枝初被短柔毛。叶对生或近对生，卵状椭圆形，长 1～3.5cm，宽 0.5～1.5cm，先端尖，基部宽楔形或近圆形，仅下面脉上被疏柔毛，侧脉 4～5 条；叶柄长 0.1～0.15cm。总状花序顶生，花 8～12 朵。果卵圆形。花期 4～8 月，随即结果。武功山吊马桩、福星谷等地有分布；海拔 900～1500m。用途：园林观赏；韧皮作纤维原料。

了哥王
Wikstroemia indica (L.) C. A. Mey

常绿灌木。枝红褐色，无毛。叶对生，倒卵形至披针形，长 2～5cm，宽 0.5～1.5cm，先端钝或急尖，基部阔楔形或窄楔形，无毛，侧脉细密；叶柄长约 0.1cm。短总状花序顶生，花萼无毛，裂片 4 枚。果椭圆形，成熟时红色至暗紫色。花果期夏秋间。武功山各地有分布；海拔 700m 以下。用途：皮入药；韧皮作纤维原料。

毛瑞香
Daphne kiusiana var. *atrocaulis* (Rehd.) F. Maekawa

常绿灌木。二歧状或伞房分枝；枝无毛。叶互生，有时簇生枝顶，叶椭圆形或披针形，长6～12cm，宽1.8～3cm，基部下延，边缘全缘，中脉上面凹陷，侧脉6～7对；叶柄两侧翅状。花白色，9～12朵簇生于枝顶；苞片两面无毛，边缘具短的白色流苏状缘毛；花梗长0.1～0.2cm，密被绒毛；花萼筒圆筒状，裂片4枚；雄蕊8枚，2轮。果实红色。花期11月至翌年2月，果期4～5月。武功山羊田村、宗里村等地有分布；海拔700～1000m。用途：园林观赏。

山龙眼科 Proteaceae

小果山龙眼
Helicia cochinchinensis Lour.

常绿乔木。枝和叶均无毛。叶长5～12cm，宽2.5～4cm，基部下延呈狭翅状全缘或上半部具粗锯齿。总状花序腋生，初被短毛后无毛。果椭圆状。花期6～10月，果期11月至翌年3月。武功山高天岩等地有分布；海拔200～1000m。用途：园林绿化；种子榨油制肥皂等。

海桐花科 Pittosporaceae

海桐
Pittosporum tobira (Thunb.) Ait.

常绿灌木。嫩枝被毛。叶聚生于枝顶，长4～9cm，宽1.5～4cm，两面无毛。伞形花序或伞房状伞形花序顶生或近顶生，密被柔毛，花梗长1～2cm。蒴果球形有棱或呈三角形。花期4～5月，果期11月。武功山各地有栽培。用途：园林绿化。

海金子（崖花海桐）
Pittosporum illicioides Mak.

常绿灌木。嫩枝、花序、子房和叶无毛。叶生于枝顶，椭圆状披针形，长5～10cm，宽2.5～4cm，先端渐尖。伞形花序顶生。蒴果近圆形。武功山各地有分布；海拔400～900m。用途：园林绿化。

狭叶海桐
Pittosporum glabratum var. *neriifolium* Rehd. et Wils.

常绿灌木。枝叶无毛。叶带状，长8～19cm，宽1～2.5cm，叶面中脉凹陷。伞形花序。蒴果。武功山羊狮幕等地有分布；海拔900～1100m。用途：园林观赏；全株入药。

远志科 Polygalaceae

荷包山桂花
Polygala arillata Buch.-Ham. ex D. Don

落叶灌木。小枝被短毛。叶长6.5～14cm，宽2～3cm，两面疏被毛，沿脉较密，后渐无毛。总状花序与叶对生下垂，被短毛；萼片5枚，花瓣3片，黄色。蒴果阔肾形。花期5～10月，果期6～11月。武功山各地有分布；海拔950m以下。用途：园林观赏；根皮入药。

黄花倒水莲
Polygala fallax Hemsl.

落叶灌木。全株密被短柔毛。单叶互生，披针形，长 8~17cm，宽 4~6.5cm，先端渐尖，全缘。总状花序顶生或腋生，下垂，花瓣正黄色。蒴果阔倒心形至圆形，绿黄色。花期 5~8 月，果期 8~10 月。武功山各地有分布；海拔 900m 以下。用途：园林观赏；根入药。

大叶金牛
Polygala latouchei Franch.

落叶灌木。茎、枝被短柔毛。单叶密集于枝的上部，叶卵状披针形，长 3.5~8cm，宽 1.5~2.5cm，叶背淡紫色；叶柄具狭翅，被短柔毛。总状花序，蒴果近圆形，具翅。花期 3~4 月，果期 4~5 月。武功山各地有分布；海拔 900~1400m。用途：全草药用。

椴树科 Tiliaceae

椴树
Tilia tuan Szyszyl.

落叶乔木。枝、芽近无毛。叶长7~14cm，宽5~9cm，基部心形或斜截形，下面初时有星状茸毛，后仅脉腋有毛丛，边缘上半部有疏齿；叶柄无毛。聚伞花序，无毛。果实球形，无棱，被星状茸毛。花期7月。武功山红岩谷、仙池等地有分布；海拔750~1100m。用途：优质用材；花可入药；园林绿化。

白毛椴（湘椴）
Tilia endochrysea Hand. -Mazz.

落叶乔木。枝无毛，顶芽秃净。叶卵形，长9~16cm，宽6~13cm，上面无毛，下面被灰白色星状茸毛或无毛，边缘有疏齿，叶柄秃净。聚伞花序，花柄有毛。果实球形，5片裂开。花期7~8月。武功山各地有分布；海拔800~1200m。用途：优质用材；花可入药；园林绿化。

扁担杆
Grewia biloba G. Don

落叶灌木。嫩枝被粗毛。叶革质，长 4～9cm，宽 2.5～4cm，基部楔形或钝，两面有稀疏星状粗毛，基出脉 3 条，边缘有细锯齿；叶柄长 0.4～1cm，被粗毛。聚伞花序腋生。核果红色。花期 5～7 月。武功山各地有分布；海拔 600～1000m。用途：枝、叶可入药。

梧桐科 Sterculiaceae

梧桐
Firmiana platanifolia (L. f.) Marsili

落叶乔木。枝、叶无毛。叶掌状 3～5 裂。圆锥花序顶生，花淡黄色；萼 5 深裂至基部。蓇葖果有柄，成熟前开裂成叶状。花期 6 月，果期 11～12 月。武功山各地有分布；海拔 900m 以下。用途：园林绿化；种子可食或榨油；茎、叶、花、果和种子药用。在《Flora of China》中拉丁学名已修改为：*Firmiana simplex* (L.) W. Wight。

杜英科 Elaeocarpaceae

褐毛杜英（冬桃）
Elaeocarpus duclouxii Gagnep.

常绿乔木。嫩枝及芽密被绒毛。叶长8～13cm，宽3～5cm，下面有绒毛；叶柄长1.2～2cm，被毛。总状花序生无叶枝；花序、花梗、萼片、花瓣外面均密被绒毛；花瓣宽带状，上部撕裂10～12条。果橄榄状，长2.5～3cm，直径2cm。花期7～8月，果期翌年4～5月。武功山各地有分布；海拔500～1000m。用途：园林观赏；果可食。

杜英
Elaeocarpus decipiens Hemsl.

常绿乔木。嫩枝及芽密被微毛，后变秃净。叶革质，披针形，长7～12cm，宽2～3.5cm，叶基部楔形，常下延，边缘有小锯齿。总状花序生于叶腋，花白色。核果椭圆形。花期6～7月。武功山各地有分布；海拔400～1000m。用途：园林绿化。

山杜英
Elaeocarpus sylvestris (Lour.) Poir.

常绿乔木。枝、叶无毛。叶倒卵形，长 4～8cm，宽 2～4cm，叶基部下延，边缘有钝锯齿；叶柄无毛。总状花序生于枝顶叶腋内，花瓣上部撕裂成 10～12 条。核果细小，椭圆形。花期 4～5 月。武功山有分布；海拔 350～900m。用途：园林绿化。

秃瓣杜英
Elaeocarpus glabripetalus Merr.

常绿乔木。枝具棱无毛。叶倒卵状长圆形，长 9～13cm，宽 2.4～13cm，基部狭而下延，两面无毛；叶柄短（0.6～0.9cm）无毛。花瓣上部撕裂成 14～16 条，子房有毛。果椭圆形，长 1～1.5cm，直径 0.6cm。武功山各地有分布；海拔 300～1200m。用途：园林绿化。

日本杜英（薯豆）
Elaeocarpus japonicus Sieb. et Zucc.

常绿乔木。叶芽有毛。叶卵形，长 7～14cm，宽 3～3.5cm，叶下面有细小黑腺点，边缘有疏锯齿；叶柄无毛。总状花序，花序轴有短柔毛。核果椭圆形。花期 4～5 月。武功山各地有分布；海拔 400～1300m。用途：园林绿化。

华杜英
Elaeocarpus chinensis (Gardn. et Champ.) Hook. f.

常绿乔木。嫩枝有毛，老枝秃净。叶卵状披针形，长 4～7.5cm，宽 1.3～3cm，下面有细小黑腺点；叶柄幼时略被毛。总状花序，花序轴有微毛，花两性或单性。核果椭圆形。花期 5～6 月。武功山各地有分布；海拔 250～1000m。用途：园林绿化。

猴欢喜
Sloanea sinensis (Hance) Hemsl.

常绿乔木。叶长 7～9m，宽 3～5m，常全缘（偶有疏齿），两面无毛；叶柄顶端节状膨大。花白色集生叶腋。果球形，针刺长 1～1.5cm。花期 9～10 月，果期翌年 6～7 月。武功山谭家坊、杨家湾村等地有分布；海拔 500～1100m。用途：园林观赏。

古柯科 Erythroxylaceae

东方古柯
Erythroxylum sinensis C. Y. Wu

落叶灌木。枝、叶无毛。叶纸质，全缘，长椭圆形、倒披针形，长 2～14cm，宽 2～4cm，先端短渐尖或钝，基部楔形；叶柄长 0.3～0.8cm。花腋生。核果。花期 4～5 月，果期 5～10 月。武功山各地有分布；海拔 400～1200m。用途：园林观赏；果、叶、树皮含极微量的咖啡因。

大戟科 Euphorbiaceae

五月茶
Antidesma bunius Spreng.

常绿小乔木。枝、叶无毛。叶长 10～23cm，宽3～10cm，两面无毛；叶柄长0.7～1cm。雄花序穗状顶生；雌花序总状顶生；花盘杯状。核果球形，肉质红色。花期5～6月。武功山各地有分布；海拔200～1500m。用途：根、叶入药。

日本五月茶（酸味子）
Antidesma japonicum Sieb. et Zucc.

常绿灌木。枝有毛。叶椭圆形，长4～13cm，宽1.5～4cm，顶端尾状渐尖；叶脉有短柔毛。总状花序顶生。核果椭圆形。花期4～6月，果期7～9月。武功山各地有分布；海拔300～600m。用途：茎、根入药。

青灰叶下珠
Phyllanthus glaucus Wall.

落叶灌木。全体无毛。叶长2.5～5cm，宽1.5～2.5cm，下面苍白色。花数朵簇生叶腋；雌花生于雄花簇中，花盘环状。蒴果浆果状，紫黑色，基部具宿存萼片。花期4～7月，果期7～9月。武功山各地有分布；海拔600m以下。用途：果、根入药。

无毛小果叶下珠
Phyllanthus reticulatus var. *glaber* Muell.Arg.

落叶灌木。枝、叶、花均无毛。叶椭圆形，长1～5cm，宽0.7～3cm，顶端急尖。花数朵簇生枝顶。蒴果呈浆果状，球形，红色。花期3～6月，果期6～10月。武功山各地有分布；海拔200～800m。用途：果、茎入药；园林绿化。

算盘子
Glochidion puberum (L.) Hutch.

　　落叶灌木。小枝、叶下面、萼片外、子房和果实密被短柔毛。叶椭圆状条形，长3~8cm，宽1~2.5cm，顶端渐尖，基部楔形；叶柄长1~3mm。蒴果扁球形，红色。花期4~8月，果期8~11月。武功山各地有分布；海拔300~2000m。用途：园林观赏。

油桐
Vernicia fordii (Hemsl.) Airy Shaw

　　落叶乔木。枝条粗壮，无毛，具明显皮孔。叶卵圆形，长8~18cm，宽6~15cm，顶端短尖，基部截平至浅心形，全缘，稀1~3浅裂，嫩叶上面被很快脱落微柔毛，下面被渐脱落棕褐色微柔毛；掌状脉5~7条；叶柄与叶片近等长，几无毛，顶端有2枚扁平、无柄腺体。花雌雄同株，先叶或与叶同时开放；花萼长约1cm，2~3裂，外面密被棕褐色微柔毛；花瓣白色，有淡红色脉纹，倒卵形，长2~3cm，宽1~1.5cm，顶端圆形，基部爪状；雄花：雄蕊8~12枚，2轮；雌花：子房密被柔毛，3~5(~8)室。核果近球状，直径4~6(~8)cm，果皮光滑。花期3~4月，果期8~9月。武功山各地有分布；通常栽培于海拔1000m以下丘陵山地。用途：工业油料植物；果皮可制活性炭或提取碳酸钾。

木油桐
Vernicia montana Lour.

落叶乔木。枝、叶无毛。叶长8~20cm，宽6~18cm，基部心形，全缘或2~5裂，掌状脉5条；叶柄长7~17cm，无毛，顶端有2枚具柄的杯状腺体。雌雄异株；花瓣白色，基部爪状。蒴果具3棱。花期4~5月，果期7~10月。武功山各地有分布；海拔1300m以下。用途：种子"榨桐油"，工业原料；木材可种香菇。

石岩枫
Mallotus repandus (Willd.) Muell. Arg.

落叶攀缘灌木。枝、叶、叶柄、花序和花梗密被星状毛。叶长3.5~8cm，宽2.5~5cm，边全缘，下面散生黄色腺体；叶柄长2~6cm。雌雄异株，雌花为总状花序。蒴果球形，被锈色星状毛及黄色腺点。花期3~5月，果期8~9月。武功山各地有分布；海拔1000m以下。用途：茎、叶入药。

粗糠柴
Mallotus philippiensis (Lam.) Muell. Arg.

落叶小乔木。小枝、嫩叶、叶柄和花序均被黄褐色短星状柔毛。叶互生，卵形，长5～18cm，宽3～6cm，全缘，近基部有褐色斑状腺体2～4个。花雌雄异株，花序总状。蒴果扁球形。花期4～5月，果期5～8月。武功山各地有分布；海拔300～1600m。用途：茎皮入药。

白背叶
Mallotus apelta (Lour.) Muell.-Arg.

落叶乔木。枝、叶柄和花序均密被星状毛和散生腺体。叶互生，长5～10cm，宽3～9cm，基部浅心形，边缘具疏齿，下面被星状绒毛，散生腺体；近叶柄处有2个腺体；叶柄长5～15cm。穗状花序顶生。蒴果近球形，密生被软刺星状毛。花期5～6月，果期8～10月。武功山各地有分布；海拔1000m以下。用途：水土保持。

白楸
Mallotus paniculatus (Lam.) Muell. Arg.

落叶乔木。小枝被毛。叶互生，卵形，长 5~15cm，宽 3~10cm，边缘波状，有时具 2 裂片或粗齿，基出脉 5 条；近叶柄处有腺体 2 个；叶柄稍盾状着生。花雌雄异株，总状花序或圆锥花序。蒴果扁球形，被毛，软刺钻形。花期 7~10 月，果期 11~12 月。武功山各地有分布；海拔 50~1300m。用途：荒山造林树种；皮入药。

野桐
Mallotus tenuifolius Pax

落叶乔木。小枝、叶柄、花序被褐色或红褐色星状毛。叶互生，卵形，下面疏被星状粗毛。雌花序总状，不分枝。花期 7~11 月。武功山高天岩等地有分布；海拔 800~1800m。用途：荒山造林树种；皮入药。在《Flora of China》中拉丁学名已修改为：*Mallotus tenuifolius* Pax。

白木乌桕（白乳木）
Sapium japonicum (Sieb. et Zucc.) Pax et Hoffm.

落叶乔木。全株无毛。叶长7～16cm，宽4～8cm，基部微心形、偏斜，全缘，基部近中脉两侧具2个腺体；叶柄长1.5～3cm，呈狭翅状，顶端无腺体。花单性，总状花序顶生。蒴果近圆形。花期4～6月，果期9～11月。武功山羊狮幕路上等地有分布；海拔600～1000m。用途：种子含油，能源植物。在《Flora of China》中拉丁学名已修改为：*Neoshirakia japonica* (Sie. & Zucc.) Esser。

山乌桕
Sapium discolor (Champ.ex Benth.) Muell.Arg.

落叶乔木。全株无毛。叶互生，椭圆形，长4～10cm，宽2～5cm，全缘，叶背淡红色。花单性，雌雄同株，顶生总状花序。蒴果黑色，球形。花期4～6月。武功山各地有分布；海拔300～1200m。用途：园林观赏；能源植物。在《Flora of China》中拉丁学名已修改为：*Triadica cochinchinensis* Loureiro。

斑子乌桕
Sapium atrobadiomaculatum Metcalf.

落叶乔木。全株无毛。叶互生，狭椭圆形，长 3～7cm，宽 1.5～3cm，全缘，叶背灰绿色；叶柄顶端 2 个腺体。花单性，雌雄同株，聚生枝顶。蒴果三棱状球形。花期 3～5 月。武功山羊狮幕路上等地有分布；海拔 650～1200m。用途：园林观赏；能源植物。在《Flora of China》中拉丁学名已修改为：*Neoshirakia atrobadiomaculata* (F. P. Metcalf) Esser & P. T. Li。

乌桕
Sapium sebiferum (L.) Roxb.

落叶乔木。全株无毛。叶互生，菱形，长 3～8cm，宽 3～9cm，全缘，基部具 2 个腺体。花单性，雌雄同株，聚生枝顶。蒴果梨状球形，成熟时黑色。花期 4～8 月。武功山各地有分布；海拔 700m 以下。用途：用材；叶为黑色染料；种子含油，能源植物。在《Flora of China》中拉丁学名已修改为：*Triadica sebifera* (Linnaeus) Small。

山茶科 Theaceae

全缘红山茶
Camellia subintegra Huang ex Chang

常绿小乔木。嫩枝无毛。叶狭长圆形，长 8～11cm，宽 2～3.5cm，全缘。花红色，无柄。蒴果卵圆形。花期 2～4 月。武功山羊狮幕路上等地有分布；海拔 700～1100m。用途：观赏；种子榨油，可食用。

山茶
Camellia japonica L.

常绿小乔木。嫩枝无毛。叶椭圆形，长 5～10cm，宽 2.5～5cm，边缘疏生锯齿。花顶生，红色，无柄；苞片、萼片及花瓣外面有绢毛。蒴果圆球形，2～3 室，每室有种子 1～2 枚。花期 1～4 月。武功山各地有栽培；海拔 500～1200m。用途：观赏；种子榨油，可食用。

茶
Camellia sinensis（L.）O. Ktze

常绿小乔木。嫩枝有毛。叶长 5～10cm，宽 2～4.5cm，边缘有浅齿。花白色，花瓣宽倒卵形。蒴果扁三角形，3 室，每室 1 枚种子。花期 10～11 月，果期翌年 9～10 月。武功山各地有分布；各地广泛栽培。用途：著名的茶叶原料。

柃叶连蕊茶
Camellia euryoides Lindl.

常绿灌木。嫩枝有长丝状毛。叶长 2～4cm，宽 0.7～1.4cm，先端钝尖，上面中脉凸起，叶柄长 0.1～0.3cm。花顶生及腋生，苞片 4～5 枚，半圆形；萼片 5 枚，边缘有睫毛；花瓣 5 片，先端凹；子房无毛。蒴果圆形 3 室。花期 1～3 月。武功山各地有分布；海拔 300～800m。用途：观赏。

石笔木
Tutcheria championi Nakai

常绿乔木。嫩枝有微毛。叶革质，长12～16cm，宽4～7cm，先端尖锐，基部楔形，下面无毛。花单生于枝顶叶腋，白色；苞片；萼外有灰毛；花瓣先端凹，外有绢毛。蒴果球形，由下向上开裂，5瓣裂开。花期6月，果期10月。武功山各地有分布；海拔200～900m。用途：园林观赏；优质用材。在《Flora of China》中拉丁学名已修改为：*Pyrenaria spectabilis*（Champion）C. Y. Wu & S. X. Yang。

粗毛石笔木
Tutcheria hirta（Hand.-Mazz.）Li

常绿乔木。幼枝有糙伏毛。叶长圆形，长6～13cm，宽2.5～4cm，边缘有细锯齿，叶背有粗伏毛。花白色或淡黄色，萼片及花瓣外面有毛。蒴果纺锤形。武功山各地有分布；海拔400～1000m。用途：观赏；种子榨油，可食。在《Flora of China》中拉丁学名已修改为：*Pyrenaria hirta* Keng。

木荷
Schima superba Gardn. et Champ.

常绿乔木。枝无毛，芽有绢毛。叶长 7～12cm，宽 2.5～6.5cm，叶两面无毛，边缘有钝齿（有时全缘）；叶柄长 1～2cm。花白色，生于枝顶叶腋。蒴果。花期 6～7 月，果期 9～10 月。武功山各地有分布；海拔 600m 以下。用途：荒山造林树种；水土保持。

银木荷
Schima argentea Pritz. ex Diels

常绿乔木。嫩枝有柔毛。叶长圆形，长 8～12cm，宽 2～3.5cm，下面有银白色蜡被，有柔毛或秃净，全缘。花数朵生于枝顶；花柄、苞片、萼片及花瓣外面有绢毛。蒴果。花期 7～8 月。武功山各地有分布；海拔 900m 以上。用途：园林绿化。

紫茎
Stewartia sinensis Rehd. et Wils.

落叶乔木。叶长 6～10cm，宽 2～4cm，边缘有粗齿，叶背脉腋有丛毛。花单生，花瓣基部连合，外有绢毛。蒴果近球形，先端尖。种子有窄翅。花期 6～7 月，果期 9～10 月。武功山红岩谷、福星谷、吊马桩等地有分布；海拔 600～1800m。用途：园林观赏；用材。

茶梨
Anneslea fragrans Wall.

常绿乔木。全株无毛。叶厚革质，簇生枝顶，长 5.5～15cm，宽 2～7cm，基部下延，全缘，叶背密被红色腺点。花白色带浅红色；萼片 5 枚，淡红色；花瓣 5 片基部连合。浆果木质近球形。花期 1～3 月，果期 8～9 月。武功山各地有分布；海拔 300～1800m。用途：园林观赏。

尖萼毛柃
Eurya acutisepala Hu et. L. K. Ling

常绿灌木。嫩枝、叶背、子房及果被短毛。叶长圆形，长5~9cm，宽1.4~2.5cm，顶端长渐尖，尾长1~1.5cm，边缘密生锯齿。花白色。果实卵状椭圆形，成熟时紫黑色。花期10~11月，果期翌年6~8月。武功山各地有分布；海拔500~1500m。用途：园林观赏。

单耳柃
Eurya weissiae Chun

常绿灌木。嫩枝密被长毛，枝近无毛；顶芽密被长柔毛。叶长4~8cm，宽1.5~3.2cm，基部耳形抱茎，边缘密生细齿，下面疏被柔毛；叶柄极短。花1~3朵腋生。果圆球形，熟时蓝黑色。花期9~11月，果期11至翌年1月。武功山各地有分布；海拔800~1500m。用途：园林绿化。

短柱柃
Eurya brevistyla Kobuski

常绿灌木。全株无毛；嫩枝具2棱。叶长5~9cm，宽2~3.5cm，基部楔形，边缘有锯齿。花白色1~3朵腋生，无花梗；萼片5枚，边缘有纤毛。果圆形，熟时蓝黑色。花期10~11月，果期翌年6~8月。武功山各地有分布；海拔600~1000m。用途：薪材。

格药柃
Eurya muricata Dunn

常绿灌木。全株无毛；嫩枝圆柱形。叶长5.5~11.5cm，宽2~4.3cm，基部楔形，边缘有钝齿。花白色，花梗无毛；萼片5枚，外面无毛。果熟时紫黑色。花期9~11月，果期翌年6~8月。武功山各地有分布；海拔600~1200m。用途：薪材。

微毛柃
Eurya hebeclados Ling

常绿灌木。幼枝密被短毛，小枝圆柱形无毛。叶长圆状椭圆形，长4～9cm，宽1.5～3.5cm，叶两面无毛；叶柄被微毛。花4～7朵簇生于叶腋，白色。果实圆球形，成熟时蓝黑色。花期12月至翌年1月，果期8～10月。武功山各地有分布；海拔50～1500m。用途：薪材。

厚皮香
Ternstroemia gymnanthera（Wight et Arn.）Bedd.

常绿乔木。全株无毛。叶聚生枝端，长5.5～9cm，宽2～3.5cm，基部下延，全缘。花浅黄色，单生叶腋；萼片5枚，先端圆钝。果苞萼宿存。花期5～6月，果期10～12月。武功山黄忠寨等地有分布；海拔500～1200m。用途：园林观赏。

厚叶厚皮香（华南厚皮香）
Ternstroemia kwangtugensis Merr.

常绿小乔木。全株无毛。叶互生，厚革质且肥厚，阔椭圆状，长7～10cm，宽3～6cm，下面散生腺点。花白色，单生叶腋，萼片卵圆形，顶端圆，边缘有腺状齿突，无毛。果实扁球形，果梗粗壮。花期5～6月，果期10～11月。武功山各地有分布；海拔700～1000m。用途：园林观赏。

杨桐
Adinandra millettii (Hook.et Arn.) Benth.et Hook. f. ex Hance

常绿小乔木。嫩枝及顶芽密生短毛。叶长4.5～9cm，宽2～3.5cm，全缘。花白色单生叶腋。浆果近球形下垂，近无毛，黑色。花期4～5月，果期6～9月。武功山各地有分布；海拔1000m以下。用途：观赏；用材。

红淡比
Cleyera japonica Thunb.

常绿乔木。全株无毛。顶芽大，嫩枝具二棱。叶长 5～10cm，宽 2.5～4cm，全缘。花 2～4 朵腋生；萼片 5 枚，先端稍凹，边缘有纤毛；花瓣 5 片，白色。果黑色。花期 5～6 月，果期 7～10 月。武功山各地有分布；海拔 200～1200m。用途：园林绿化。

厚叶红淡比
Cleyera pachyphylla Chun ex Chang

常绿乔木。全株无毛。叶互生，长圆形，长 5～10cm，宽 2.5～4cm，全缘，叶下面具明显而密的红色腺点。花 1～3 朵腋生；萼片 5 枚，质厚，长圆形，顶端圆，边缘有纤毛；花瓣 5 片，白色。果实圆球形，成熟时黑色。花期 6～7 月，果期 10～11 月。武功山福星谷等地有分布；海拔 350～1800m。用途：园林绿化。

猕猴桃科 Actinidiaceae

黑蕊猕猴桃
Actinidia melanandra Franch.

落叶藤本。枝、叶无毛。叶纸质，椭圆形，长7～11cm，宽3.5～4.5cm，顶端渐尖，叶背面粉绿色，脉腋有髯毛；叶柄和嫩茎淡红色。聚伞花序被小茸毛，花绿白色，雄蕊花药黑色。果瓶状卵珠形，无毛，无斑点。花期5～6月上旬。武功山下村等地有分布；海拔800～1100m。用途：果汁等饮料。

革叶猕猴桃
Actinidia rubricaulis var. *coriacea* (Fin. et Gagn.) C. F. Liang

落叶藤本。叶革质，倒披针形，长7～12cm，宽3～4.5cm，顶端急尖，上部有若干粗大锯齿；叶柄水红色，长1～3cm。花红色。果单生，暗绿色，卵圆形。花期4月中旬至5月下旬。武功山下村等地有分布；海拔300～900m。用途：园林观赏。

京梨猕猴桃
Actinidia callosa var. *henryi* Maxim.

落叶藤本。小枝无毛。叶卵形，长 8~10cm，宽 4~5.5cm，边缘锯齿细小，背面脉腋有髯毛。果乳头状至矩圆圆柱状。武功山各地有分布；海拔 300~1000m。用途：果汁等饮料；园林观赏。

异色猕猴桃
Actinidia callosa. var. *discolor* C. P. Liang

落叶藤本。小枝无毛。叶椭圆形，长 6~12cm，宽 3.5~6cm，顶端急尖，边缘有粗钝的或波状的锯齿，两面及叶柄无毛。花序和萼片两面均无毛。果较小，卵形或近球形。武功山各地有分布；海拔 500~950m。用途：果汁等饮料。

中华猕猴桃
Actinidia chinensis Planch.

落叶藤本。枝、叶被较疏的短刚毛。叶倒阔卵形，长6~8cm，宽7~8cm，边缘锯齿芒状；叶柄被毛。聚伞花序，淡黄色，花各部被毛。果黄褐色，近球形，被茸毛，具小而多的淡褐色斑点。花期4月中旬至5月中下旬。武功山各地有分布；海拔200~1200m。用途：猕猴桃遗传资源；果汁等饮料；园林观赏。

毛花猕猴桃
Actinidia eriantha Benth.

落叶藤本。全株被毛。叶卵形至阔卵形，长8~16cm，宽6~11cm，边缘具硬尖小齿，背面粉绿色。聚伞花序，花淡绿色，两面背毛。果柱状卵珠形，被乳白色绒毛。花期5月上旬至6月上旬。武功山各地有分布；海拔200~1200m。用途：猕猴桃遗传资源；果汁等饮料；园林观赏。

阔叶猕猴桃
Actinidia latifolia (Gardn. et Champ.) Merr.

落叶藤本。小枝基本无毛,至多幼嫩时薄被微茸毛。叶阔卵形,长8~16cm,宽5~8.5cm,叶基部浅心形,叶背苍白色,仅脉上被稀疏短毛,叶柄基本无毛。聚伞花序,花两面有黄色短茸毛。果暗绿色,圆柱形,具斑点,无毛。花期5月上旬至6月中旬,果期11月。武功山各地有分布;海拔350~1000m。用途:猕猴桃遗传资源;果汁等饮料;园林观赏。

桤叶树科 Clethraceae

贵定桤叶树(江南山柳)
Clethra cavaleriei Levl.

落叶灌木。小枝具棱。嫩时被稀疏星状绒毛,后变无毛。叶卵状椭圆形,长5~11.5cm,宽1.5~3.5cm,叶背后近无毛,脉腋内有白色髯毛。总状花序单一,花白色或粉红色,花序轴及花梗均密被浅锈色长柔毛或无毛。蒴果近球形。花期7~8月,果期9~10月。武功山红岩谷等地有分布;海拔500~1200m。用途:园林观赏。在《Flora of China》中已归并为:云南桤叶树 *Clethra delavayi* Franch.。

薄叶桤叶树
Clethra cavaleriei var. *leptophylla* L. C. Hu

落叶灌木。小枝具棱。叶片薄纸质，长圆状椭圆形，先端长渐尖，基部阔楔形，边缘全缘或中部以上具腺头细锯齿；叶柄较短，紫色。花白色，花丝无毛。蒴果近球形。花期7～8月，果期9～10月。武功山大王庙等地有分布；海拔1000～1300m。用途：园林观赏。在《Flora of China》中已归并为：云南桤叶树。

髭脉桤叶树（华东山柳）
Clethra barbinervis Sieb. et Zucc.

落叶乔木。叶倒卵状披针形，长8～19cm，宽3～9cm，叶基部宽圆或微凹，下面密被星状柔毛及绒毛。总状花序，花白色，芳香，花序轴和花梗均密被锈色星状绒毛。蒴果近球形，疏被长硬毛及星状绒毛。花期7～8月，果期9月。武功山各地有分布；海拔850～1200m。用途：园林观赏。

杜鹃花科 Ericaceae

江西杜鹃
Rhododendron kiangsiense Fang

常绿灌木。枝、叶柄和叶两面、花梗、花萼、花柱、子房均被鳞片。叶片革质，长4~5cm，宽2~2.5cm，顶端具小短尖头，下面灰白色；叶柄长3~5mm。伞形花序顶生，花冠白色，基部扁平并有白色短毛。蒴果。花期5月，果期10~11月。武功山福星谷、羊狮幕等地有分布；生于海拔1000~1800m的山脊、山顶的阔叶疏林内。模式标本产于江西萍乡武功山。用途：园林观赏；花入药。

大云锦杜鹃
Rhododendron faithae Chun

常绿灌木，枝叶无毛。叶厚革质，长圆形，长10~24cm，宽4.4~9cm，叶柄无毛。总状花序顶生。花梗和叶柄及花序轴无毛也无腺体，花白色。蒴果圆柱形，褐色。花期7~8月，果期11月。武功山观音宕等地有分布；海拔1260m。用途：园林观赏。

云锦杜鹃
Rhododendron fortunei Lindl.

常绿灌木或小乔木。枝、叶无毛。叶长圆状椭圆形，长8~16cm，宽3~9cm；叶柄淡黄绿色，叶柄及花梗多少具腺体。顶生总状花序，花粉红色。蒴果长圆状卵形，褐色。花期4~5月，果期8~10月。武功山福星谷、羊狮幕、明月山等地有分布；海拔800~1800m。用途：园林观赏。

黄山杜鹃
Rhododendron maculiferum subsp. *anhweiense* (E.H.Wilson) D.F. Chamberlain.

常绿灌木。叶较短，卵状披针形，先端具短尖头，长5~11cm，基部宽圆形。雄蕊10枚，花丝基部具短毛。花期5~6月，果期9~10月。武功山吊马桩、羊狮幕等地有分布；海拔1100~1700m。用途：园林观赏。

光枝杜鹃（红岩杜鹃）
Rhododendron haofui Chun et Fang

常绿灌木。枝无毛。叶披针形，长 7~10cm，宽 3~4cm，叶下面密被黄色毡绒毛；叶柄无毛。总状伞形花序，花冠宽钟状，白色带粉红色。蒴果圆柱状。花期 5 月，果期 10 月。武功山有分布；海拔 1000~1900m。用途：园林观赏。

猴头杜鹃
Rhododendron simiarum Hance

常绿小乔木。叶常密生于枝顶，倒卵状披针形，长 5.5~10cm，宽 2~4.5cm，基部下延，叶背被明显的土黄色鳞秕状毛。顶生总状伞形花序，总轴被疏柔毛；花冠钟状，乳白色至粉红色。蒴果长椭圆形，被锈色毛，后变无毛。花期 4~5 月，果期 7~9 月。武功山各地有分布；海拔 500~1800m。用途：园林观赏。

羊踯躅（闹羊花）
Rhododendron molle (Bl.) G. Don

落叶灌木。叶长圆形，长5~11cm，宽1.5~3.5cm，边缘具睫毛，下面密被灰白色柔毛；叶柄被毛。总状伞形花序顶生，花黄色，花梗被毛；花冠阔漏斗形。蒴果圆锥状长圆形。花期3~5月，果期7~8月。武功山各地有栽培；海拔800m以下。用途：植物体各部可作农药。

背绒杜鹃（棒柱杜鹃）
Rhododendron hypoblematosum Tam

半常绿灌木。枝、叶背、叶柄、花梗，蒴果被糙伏毛。叶散生，椭圆状卵形，长1.8~2cm，宽约0.8cm。伞形花序顶生，花冠浅紫色，钟状漏斗形，上部中裂片有深色斑点。蒴果卵球形。花期5~6月，果期9~10月。武功山有分布；海拔500~1000m。用途：园林观赏。

杜鹃（映山红）
Rhododendron simsii Planch.

半常绿灌木。枝、叶、叶柄、花梗被亮棕色扁平糙伏毛。叶集生枝顶，卵形，长 1.5～5cm，宽 0.5～3cm，具细齿。花冠阔漏斗形，玫瑰色、鲜红色或暗红色，上部裂片具深红色斑点。蒴果卵球形，密被糙伏毛。花期 4～5 月，果期 6～8 月。武功山各地有分布；海拔 200～1200m。用途：园林观赏；花可食用。

满山红
Rhododendron mariesii Hemsl. et Wils.

落叶灌木。枝轮生，幼时被淡黄棕色柔毛，后无毛。叶椭圆形，长 4～7.5cm，宽 2～4cm，叶背及叶柄近无毛。花冠漏斗形，淡紫红色或紫红色，上方裂片具紫红色斑点。蒴果椭圆状卵球形，密被亮棕色长柔毛。花期 4～5 月，果期 6～11 月。武功山各地有分布；海拔 600～1500m。用途：园林观赏。

马银花
Rhododendron ovatum (Lindl.) Planch.ex Maxim.

常绿灌木。小枝疏被具柄腺体和短柔毛。叶卵形，长3.5～5cm，宽1.9～2.5cm，叶中脉被短柔毛；叶柄具狭翅，被短柔毛。花单生枝顶叶腋，花冠紫色或粉红色。蒴果阔卵球形，密被灰褐色短柔毛和疏腺体。花期4～5月，果期7～10月。武功山各地有分布；海拔400～1000m。用途：园林观赏。

腺萼马银花
Rhododendron bachii Lévl.

常绿灌木。小枝被短柔毛。叶卵形，长3～5.5cm，宽1.5～2.5cm，先端凹缺，具短尖头，边缘浅波状，具刚毛状细齿，仅上面中脉和叶柄被短柔毛。花冠淡紫色。蒴果卵球形，密被短柄腺毛。花期4～5月，果期6～10月。武功山各地有分布；海拔600～1600m。用途：园林观赏。

长蕊杜鹃
Rhododendron stamineum Frach.

常绿灌木或小乔木。幼枝无毛。叶轮生枝顶，椭圆形，长 6.5～8cm，宽 2～3.5cm，两面无毛；叶柄无毛。花 3～5 朵簇生枝顶叶腋，花冠白色，漏斗形，上方裂片内侧具黄色斑点。蒴果圆柱形，微拱弯，无毛。花期 4～5 月，果期 7～10 月。武功山有分布；海拔 500～1600m。用途：园林观赏。

鹿角杜鹃
Rhododendron latouchae Franch

常绿灌木。小枝无毛。叶集生枝顶，卵状椭圆形，长 5～8cm，宽 2.5～5.5cm，叶背淡灰白色，两面无毛。花单生枝顶叶腋，花冠白色或带粉红色。蒴果圆柱形。花期 3～4 月，果期 7～10 月。武功山各地有分布；海拔 1000～2000m。用途：园林观赏。

齿缘吊钟花
Enkianthus serrulatus (Wils.) Schneid.

落叶灌木。叶长 6～10cm，宽 3～3.5cm，叶边缘具细锯齿，两面无毛，中脉、侧脉及网脉在两面明显；叶柄长 6～12mm，无毛。伞形花序顶生，花下垂。蒴果椭圆形，无毛。花期 4 月，果期 5～7 月。武功山各地有分布；海拔 800～1800m。用途：园林观赏。

灯笼树
Enkianthus chinensis Franch.

落叶灌木。枝无毛。叶椭圆形，长 0.7～1.5cm，宽 0.6～0.8cm，上半部边缘有锯齿；叶柄被微毛。花单生叶腋，花梗被毛，花冠圆筒状，深红色。果小，直径 0.4cm。花期 1～6 月，果期 7 月。武功山福星谷、羊狮幕等地有分布；生于海拔 900m 以上的山顶环境。用途：园林观赏；也可作盆景材料。

美丽马醉木
Pieris formosa (Wall.) D. Don

常绿灌木或小乔木。无毛。叶披针形至长圆形，长 4～10cm，宽 1.5～3cm，边缘具细锯齿；叶柄腹面有沟纹。总状花序簇生枝顶叶腋，花梗被柔毛；花冠白色，坛状，外面有柔毛。蒴果卵圆形。花期 5～6 月，果期 7～9 月。武功山二级索道站等地有分布；海拔 650～1100m。用途：叶有毒，可作杀虫剂。

小果珍珠花（小果南烛）
Lyonia ovalifolia var. *elliptica* (Sieb. et Zucc.) Hand. -Mazz.

落叶灌木。同一株树上叶片大小差异较大（珍珠花的叶片大小相对一致），叶薄革质，卵形，先端渐尖或急尖，叶背无毛或仅有微毛。果实较小，直径 0.3cm；果序长 12～14cm。武功山各地有分布；海拔 700～1200m。用途：园林观赏。

滇白珠

Gaultheria leucocarpa var. *erenulata*（Kurz）T. Z. Hsu

常绿灌木。叶卵状长圆形，长7~9cm，宽2.5~3.5cm，先端尾状渐尖，尖尾长达2cm，边缘具锯齿，两面无毛，叶背密被褐色斑点。总状花序腋生，花冠白绿色，钟形。浆果状蒴果球形，黑色。花期5~6月，果期7~11月。武功山高天岩、羊狮幕等地有分布；海拔900~1400m。用途：全株入药。

越橘科 Vacciniaceae

短尾越橘

Vaccinium carlesii Dunn

常绿灌木或乔木。幼枝通常被短柔毛，有时无毛，老枝无毛。叶长2~7cm，宽1~2.5cm；叶柄长0.1~0.5cm，有微柔毛或近无毛。总状花序腋生和顶生，长2~3.5cm，序轴纤细，被短柔毛或无毛；苞片披针形，长0.2~0.5cm。浆果球形，直径0.5cm，熟时紫黑色，外面无毛，常被白粉。花期5~6月，果期8~10月。武功山各地有分布；海拔200~1000m。用途：入药；园林观赏。

南烛（乌饭树）
Vaccinium bracteatum Thunb.

常绿灌木或小乔木。幼枝被短柔毛或无毛，老枝紫褐色，无毛。叶长4～9cm，宽2～4cm，表面平坦有光泽，两面无毛；叶柄长0.2～0.8cm，通常无毛或被微毛。总状花序顶生和腋生，长4～10cm，序轴密被短柔毛稀无毛。浆果，直径0.5～0.8cm，熟时紫黑色，外面通常被短柔毛，稀无毛。花期6～7月，果期8～10月。武功山各地有分布；生于海拔100～800m的丘陵、疏林或路边。用途：园林观赏；果实可食用；嫩叶浸汁浸米，煮成"乌饭"，常吃使人精神焕发。

淡红南烛（淡红乌饭）
Vaccinium bracteatum var. *rubellum* Hsu, J. X. Qiu, S. F. Huang et Y. Zhang

与原变种不同在于花淡红色而非白色，花冠筒较窄，直径0.2～0.3cm。武功山四八门等地有分布；海拔200～650m。用途：园林观赏；果实食用或入药。

江南越橘（米饭花）
Vaccinium mandarinorum Diels

常绿灌木或小乔木。幼枝通常无毛，有时被短柔毛，老枝紫褐色或灰褐色，无毛。长3～9cm，宽1.5～3cm，两面无毛，或有时在表面沿中脉被微柔毛，中脉和侧脉纤细；叶柄长0.3～0.8cm，无毛或被微柔毛。总状花序腋生和生枝顶叶腋，长2.5～7cm，序轴无毛或被短柔毛。浆果，熟时紫黑色，无毛，直径4～6mm。花期4～6月，果期6～10月。武功山各地有分布；海拔200～900m。用途：园林观赏；果实食用或入药。

无梗越橘
Vaccinium henryi Hemsl.

落叶灌木。幼枝淡褐色，密被短柔毛，老枝褐色，渐变无毛。叶长3～7cm，宽1.5～3cm，通常被短纤毛，两面沿中脉有时连同侧脉密被短柔毛；叶柄长0.1～0.2cm，密被短柔毛。花单生叶腋，在枝端形成假总状花序。浆果球形，略呈扁压状，直径7～9mm，熟时紫黑色。花期6～7月，果期9～10月。武功山各地有分布；海拔850～1500m。用途：园林观赏；果实食用或入药。

扁枝越橘
Vaccinium japonicum var. *sinicum* (Nakai) Rehd.

落叶灌木。枝条扁平，绿色，无毛，有时有沟棱。叶长 2~6cm，宽 0.7~2cm，表面无毛或偶有短柔毛，背面近无毛或中脉向基部有短柔毛；叶柄很短，长 0.1~0.2cm，无毛或背部被短柔毛。花单生叶腋。浆果，直径约 5mm，绿色，成熟后转红色。花期 6 月，果期 9~10 月。武功山福星谷、羊狮幕等地有分布；海拔 900~1500m。用途：园林观赏。

藤黄科 Clusiaceae

木竹子（多花山竹子）
Garcinia multiflora Champ. ex Benth.

常绿乔木。2~3 年生枝灰绿色。叶片革质，长圆状卵形或长圆状倒卵形，长 7~16（~20）cm，宽 3~6（~8）cm，顶端急尖或钝，基部楔形或宽楔形，边缘微反卷，干时背面苍绿色或褐色，中脉在上面下陷，下面隆起，网脉在表面不明显；叶柄长 0.6~1.2cm。花柱柱头光滑。果序有多果。花期 6~8 月，果期 11~12 月。武功山各地有分布；海拔 900m 以下。用途：果食用；树皮入药；优质用材。

桃金娘科 Myrtaceae

赤楠
Syzygium buxifolium Book. et Arn.

常绿小乔木。嫩枝有棱，后褐红色。叶长1.5～3cm，宽1～2cm，先端圆钝或钝尖，侧脉密，离边缘1～1.5mm处结合成边脉；叶柄长0.2cm。聚伞花序顶生1～2cm，花瓣4片。核果实球形。花期6～8月。武功山各地有分布；海拔1100m以下。用途：果食用；园林观赏。

轮叶蒲桃
Syzygium grijsii (Hance) Merr. et Perry.

常绿灌木。嫩枝有4棱。叶片常3叶轮生，狭窄长圆形或狭披针形，长1.5～2cm，宽0.5～0.7cm，先端钝或略尖，叶背多腺点；叶柄长0.1～0.2cm。聚伞花序顶生，长1～1.5cm，少花；花梗长0.3～0.4cm，花白色；花瓣4片，分离，近圆形。花期5～6月。武功山各地有分布；海拔200～1200m。用途：园林观赏；果食用。

野牡丹科 Melastomataceae

线萼金花树
Blastus apricus (Hand.-Mazz.) H. L. Li

常绿灌木。幼枝密被微柔毛及黄色小腺点。叶长 4～19cm，宽 1.5～7cm，基生五出脉，叶面无毛，背面被黄色小腺点。由聚伞花序组成的圆锥花序，顶生，长 6.5～13cm，宽 4.5～7cm，被微柔毛及小腺点；花瓣紫红色。蒴果椭圆形，4 纵裂。花期 6～7 月，果期 10～11 月。武功山各地有分布；海拔 200～800m。用途：园林观赏；全株入药。在《Flora of China》中已归并为：少花柏拉木 *Blastus pauciflorus* (Benth.) Guillaum.。

过路惊
Bredia quadrangularis Cogn.

常绿灌木。枝四棱形无毛。叶长 2.5～5cm，宽 1.5～2.5cm，基生三出脉，两面无毛。聚伞花序，腋生或顶生。蒴果陀螺状具四棱，顶端平截。花期 6～8 月，果期 8～10 月。武功山各地有分布；海拔 300～1200m。用途：园林观赏；全株药用治小儿惊哭。

冬青科 Aquifoliaceae

小果冬青
Ilex micrococca Maxim.

落叶乔木。小枝常生气孔。叶长7~13cm，宽3~5cm，两面无毛，主脉在叶面微下凹，在背面隆起。伞房状2~3回聚伞花序，无毛；总花梗长0.9~12cm，二级分枝长0.2~0.7cm，花梗长0.2~0.3cm，雄花5或6基数，5或6浅裂；雌花6~8基数，花萼6深裂。花期5~6月，果期9~10月。武功山杨家湾村等地有分布；海拔600~1100m。用途：园林观赏；皮入药。

秤星树
Ilex asprella (Hook. et Arn.) Champ. ex Benth.

落叶灌木。具长枝和宿短枝，长枝无毛，具淡色皮孔，短枝多皱，具宿存的鳞片和叶痕。叶在长枝上互生，在缩短枝上，1~4枚簇生枝顶，长3~7cm，宽1.5~3.5cm；叶柄长0.3~0.8cm。花4~6基数。花期3月，果期4~10月。武功山各地有分布；海拔200~1000m。用途：园林观赏；皮入药。

江西满树星
Ilex kiangsiensis (S. Y. Hu) C. J. Tseng et B. W. Liu

落叶灌木或小乔木。具长枝与缩短枝，枝密具皮孔，缩短枝长约0.5cm，具鳞片和叶痕。叶长5~8cm，宽1.8~3.3cm；叶柄长1~2cm，无毛。果椭圆形，长1~1.5cm，直径0.6~0.8cm，具纵沟，果柄长0.4~1cm。果期6~10月。武功山各地有分布；海拔800m以下。用途：园林观赏；皮入药。

满树星
Ilex aculeolata Nakai

落叶灌木。有长枝和短枝，长枝具多而显著的皮孔，短枝长0.3~0.5cm，多皱，具宿存的芽鳞和叶痕。叶长2~6cm，宽1~3.5cm。花4或5基数。花期4~5月，果期6~9月。武功山各地有分布；海拔200~1000m。用途：园林观赏；皮入药。

枸骨
Ilex cornuta Lindl. et Paxt.

常绿灌木或小乔木。枝无皮孔。叶长 4~9cm，宽 2~4cm；叶柄长 0.4~0.8cm。花 4 基数，雄花花梗长 0.5~0.6cm，无毛，雄蕊与花瓣近等长或稍长，雌花花梗长 0.8~0.9cm，无毛，退化雄蕊长为花瓣的 4/5。花期 4~5 月，果期 10~12 月。武功山各地有分布；海拔 200~1000m。用途：园林观赏；皮入药。

猫儿刺
Ilex pernyi Franch.

常绿灌木或乔木。叶长 1.5~3cm，宽 0.5~1.4cm；叶柄长 0.2cm，被短柔毛。花 4 基数，雄花花梗长约 0.1cm，无毛，雄蕊稍长于花瓣；雌花花梗长约 0.2cm；花萼像雄花；花瓣卵形，长约 0.25cm；退化雄蕊短于花瓣。花期 4~5 月，果期 10~11 月。武功山二级索道站等地有分布；海拔 1000m 以上。用途：园林观赏；皮入药。

武功山冬青
Ilex wugonshanensis C. J. Tseng ex S. K. Chen et Y. X. Feng

常绿灌木。顶芽卵球形，被短柔毛。叶片长 4.5～6cm，宽 1.5～3cm，沿主脉被微柔毛；叶柄长 0.03～0.09cm，被微柔毛。花 4 基数，雄花花梗长约 0.15cm，被微柔毛，雄蕊长为花瓣的 3/4。武功山福星谷、羊狮幕等地有分布；海拔 900～1300m。用途：盆景观赏；皮入药。

矮冬青
Ilex lohfauensis Merr.

常绿灌木或小乔木。叶生于老枝上，长 1～2.5cm，宽 0.5～1.2cm，两面沿主脉被短柔毛；叶柄长 0.1～0.2cm，密被短柔毛。花序簇生于 2 年生枝的叶腋内，苞片三角形，被短柔毛；雄花序由具 1～3 花的聚伞花序簇生，被短柔毛；花 4～5 基数。花期 6～7 月，果期 8～12 月。武功山各地有分布；海拔 300～900m。用途：园林观赏。

铁冬青
Ilex rotunda Thunb.

常绿灌木或乔木。叶长4~9cm，宽1.8~4cm，两面无毛；叶柄长0.8~1.8cm，无毛。雄花序总花梗长0.3~1.1cm，无毛，花梗长0.3~0.5cm，无毛或被微柔毛，花4基数，被微柔毛；雌花序具3~7花，总花梗长0.5~1.3cm，无毛，花梗长0.3~0.8cm，无毛或被微柔毛。花期4月，果期8~12月。武功山各地有分布；海拔900m以下。用途：园林观赏；皮入药。

显脉冬青
Ilex editicostata Hu et Tang

常绿灌木至小乔木。枝皮孔稀疏，叶痕大。叶长10~17cm，宽3~8.5cm，两面无毛；叶柄粗壮，长1~3cm。花4或5基数；雄花序总花梗长1.2~1.8cm，无毛，花梗长0.3~0.8cm，无毛，雄蕊短于花瓣；雌花序未见。花期5~6月，果期8~11月。武功山福星谷、羊狮幕等地有分布；海拔300~900m。用途：园林观赏；皮入药。

广东冬青
Ilex kwangtungensis Merr.

常绿灌木或小乔木。树皮有皮孔。小枝被短柔毛，叶痕半圆形，被锈色短柔毛。叶长 7～16cm，宽 3～7cm。复合聚伞花序，花 4 或 5 基数，被微柔毛，雄花序为 2～4 次二歧聚伞花序，雌花序具 1～2 回二歧聚伞花序。花期 6 月，果期 9～11 月。武功山有分布；海拔 500～1000m。用途：园林观赏。

大叶冬青
Ilex latifolia Thunb.

常绿大乔木。全体无毛。树皮黄褐色或褐色，光滑，具明显隆起、阔三角形或半圆形的叶痕。叶长 8～28cm，宽 4.5～9cm。聚伞花序组成的假圆锥花序无总梗；花 4 基数；雄花假圆锥花序的每个分枝具花 3～9 朵，雌花花序的每个分枝具花 1～3 朵。花期 4 月，果期 9～10 月。武功山有分布；海拔 450～1000m。用途：嫩叶制茶；园林观赏；皮入药。

毛冬青
Ilex pubescens Hook. et Arn.

常绿灌木或小乔木。小枝密被长硬毛，无皮孔，具叶痕。叶生于1~2年生枝上，长2~6cm，宽1~3cm，两面被长硬毛。花序密被长硬毛，雄花簇的单个分枝具1或3花的聚伞花序，花梗长0.15~0.2cm，花瓣4~6枚；雌花簇生，被长硬毛，花梗长0.2~0.3cm，花6~8基数。花期4~5月，果期8~11月。武功山各地有分布；海拔300~1000m。用途：园林观赏；皮入药。

香冬青
Ilex suaveolens (Levl.) Loes.

常绿乔木。当年生小枝褐色。叶片长5~6.5cm，宽2~2.5cm，基部宽楔形；叶柄长1.5~2cm，具翅。果序梗长1~2cm，成熟果红色，长球形。武功山福星谷、羊狮幕等地有分布；海拔700~1200m。用途：园林观赏；皮入药。

具柄冬青
Ilex pedunculosa Miq.

常绿灌木或乔木。叶长 4～9cm，宽 2～3cm，基部钝或圆形，全缘或近顶端常具少数疏而不明显的锯齿，叶面绿色，两面无毛；叶柄纤细，长 1.5～2.5cm。聚伞花序单生于当年生枝的叶腋内。果梗长 2.5～4cm，果球形，直径 0.7～0.8cm，成熟时红色。花期 6 月，果期 7～11 月。武功山吊马桩等地有分布；海拔 600～900m。用途：园林观赏；皮入药。

冬青
Ilex chinensis Sims

常绿乔木。叶长 5～11cm，宽 2～4cm，基部楔形或钝，边缘具圆齿，叶面绿色，有光泽，无毛；叶柄长 0.8～1cm。花梗长 0.2cm，无毛，花序梗长 0.6～1cm。果长球形，成熟时红色，长 1～1.2cm，直径 0.6～0.8cm。花期 4～6 月，果期 7～12 月。武功山各地有分布；海拔 800m 以下。用途：园林观赏；皮入药。

榕叶冬青
Ilex ficoidea Hemsl.

常绿乔木。枝无毛。叶长4.5~10cm，宽1.5~3.5cm，基部钝、楔形或近圆形，边缘具不规则的细圆齿状锯齿，叶面深绿色，两面均无毛；叶柄长0.6~1cm。聚伞花序或单花簇生于当年生枝的叶腋内，总花梗长约0.2cm。果球形或近球形。花期3~4月，果期8~11月。武功山各地有分布；海拔600~1000m。用途：园林观赏；皮入药。

拟榕叶冬青
Ilex subficoidea S. Y. Hu

常绿乔木。小枝圆柱形，具纵棱。叶片革质，卵形或长圆状椭圆形，长5~10cm，宽2~3cm，先端突然渐尖，基部钝，稀圆形，边缘具波状钝齿，稍反卷，两面无毛，主脉在叶面凹陷，在背面隆起；叶柄长5~12mm，上面具沟，上中部具叶片下延而成的狭翅。花序簇生于2年生枝的叶腋内；花白色，4基数。果序簇生，果梗长约1cm；核果球形，直径1~1.2cm，密具细瘤状突起；分核4，卵状椭圆形，具不规则的皱纹及洼点。花期5月，果期6~12月。武功山各地有分布；生于海拔500~1350m的山地混交林中。用途：观赏。

三花冬青
Ilex triflora Bl.

常绿灌木或乔木。叶长 2.5～10cm，宽 1.5～4cm，基部圆形或钝，边缘具近波状线齿，叶面深绿色，背面具腺点；叶柄长 0.3～0.5cm。花序梗长约 0.2cm。果球形，直径 0.6～0.7cm，成熟后黑色；果梗长 1.3～1.8cm，被微柔毛或近无毛。花期 5～7月，果期 8～11月。武功山各地有分布；海拔 750m 以下。用途：园林观赏；果入药。

绿冬青
Ilex viridis Champ. ex Benth.

常绿灌木或小乔木。叶长 2.5～7cm，宽 1.5～3cm，背面淡绿色，具不明显的腺点；叶柄长 0.4～0.6cm。总花梗长 0.3～0.5cm。果球形或略扁球形，直径 0.9～1.1cm，成熟时黑色；果梗长 1～1.7cm。花期 5月，果期 10～11月。武功山各地有分布；海拔 700m 以下。用途：园林观赏；果入药。

卫矛科 Celastraceae

扶芳藤
Euonymus fortunei (Turcz.) Hand.-Mazz.

常绿藤本。枝、叶无毛。叶较大，长3.5~8cm，宽1.5~4cm；叶柄长0.3~0.6cm。聚伞花序3~4次分枝；花序梗长1.5~3cm，花白绿色，4数。蒴果粉红色。花期6月，果期10月。武功山各地有分布；海拔200~1000m。用途：园林绿化。

大果卫矛
Euonymus myrianthus Hemsl.

常绿灌木。叶革质，长5~13cm，宽3~4.5cm，基部楔形，叶缘具波状钝齿；叶柄长0.5~1cm。聚伞花序2~4次分枝；花序梗长2~4cm；花黄色，花瓣倒卵形。蒴果倒卵状，假种皮橘黄色。武功山福星谷、红岩谷等地有分布；海拔300~1000m。用途：园林观赏。

西南卫矛
Euonymus hamiltonianus Wall. ex Roxb

常绿乔木。枝、叶无毛,枝具棱。叶长 7～12cm,宽 7cm;叶柄长 1～5cm。蒴果,直径 1～1.5cm。花期 5～6 月,果期 9～10 月。武功山有分布;海拔 600～1200m。用途:园林观赏。

中华卫矛
Euonymus nitidus Benth.

常绿灌木。枝、叶无毛。叶长 4～13cm,宽 2～5.5cm,近全缘;叶柄长 0.6～1cm。聚伞花序 1～3 次分枝;花白色或黄绿色,4 数。蒴果三角状卵圆形,4 浅裂,具 4 棱;果序梗长 1～3cm。花期 3～5 月,果期 6～10 月。武功山羊狮幕等地有分布;海拔 600～1200m。用途:园林绿化。

鸦椿卫矛
Euonymus euscaphis Hand.-Mazz.

常绿灌木。叶狭披针形，长6～18cm，宽1～3cm，边缘具细锯齿；近无叶柄。聚伞花序3～7花；花序梗细长达1.5cm；花4数，雄蕊无花丝。武功山三天门等地有分布；海拔600～1100m。用途：茎叶入药。

福建假卫矛
Microtropis fokienensis Dunn

常绿小乔木。枝、叶无毛；枝具四棱。叶革质，长4～9cm，宽2.5～5.5cm，侧脉每边4～6条；叶柄长0.2～0.8cm。花序有花3～9朵；花序梗长0.1～0.5cm，花4～5数。蒴果椭圆状。武功山有分布；海拔700～1000m。用途：嫩叶制茶；园林观赏。

粉背南蛇藤
Celastrus hypoleucus (Oliv.) Warb.ex Loes.

落叶藤本。枝具皮孔,枝、叶无毛。叶长 6~9.5cm,叶背粉白色;叶柄长 1.2~2cm。顶生聚伞圆锥花序长 7~10cm,而腋生者短小(1~3 花),花序梗短,小花梗长 0.3~0.8cm,中部以上具关节。蒴果球状,果瓣内侧有棕红色细点。花期 6~8 月,果期 10 月。武功山红岩谷等地有分布;海拔 600~1200m。用途:园林藤本植物。

显柱南蛇藤
Celastrus stylosus Wall.

常绿藤本。枝无毛。叶长方椭圆形,长 6.5~12.5cm,宽 3~6.5cm,边缘具钝齿,侧脉每边 5~7 条,两面光滑无毛;叶柄长 1~1.8cm。聚伞花序腋生和侧生,花序梗长 0.7~2cm。蒴果球状。花期 3~5 月,果期 8~10 月。武功山各地有分布;海拔 300~900m。用途:园林藤本植物。

过山枫
Celastrus aculeatus Merr.

常绿藤本。小枝幼时被短毛；冬芽有时成刺状。叶长5~10cm，宽3~6cm，基部阔楔形，边缘上部具浅齿，下部全缘，两面光滑无毛；叶柄长1~1.8cm。聚伞花序短，腋生或侧生，3花，花序梗长0.2~0.5cm。蒴果宿萼增大。武功山旅游路上等地有分布；海拔1100m以下。用途：园林藤本植物。

雷公藤
Tripterygium wilfordii Hook. f.

落叶藤本。小枝红褐色，4~6棱，被毛。叶长6~9cm，宽3~5.5cm，基部宽圆，具细齿，下面沿脉上有短毛，网脉明显；叶柄长至1cm。聚伞圆锥花序长5~7.5cm，总花梗长1~1.2cm。翅果长圆形，长1.5cm。花期5~6月。武功山各地有分布；海拔400~1400m。用途：枝、叶作农药。

檀香科 Santalaceae

华檀梨
Pyrularia sinensis Wu

落叶乔木。枝绿色。叶长 5～9cm，宽 3～4cm，背面被疏毛。花两性，顶生总状花序腋生单花。核果橙黄色，基部收缩延长呈"梨形"。花期 5～6 月，果期 7～9 月。武功山仙池有分布；海拔 500～1000m。用途：果成熟时味甜可食；种子榨油供食用。在《Flora of China》中已归并为：檀梨 *Pyrularia edulis* (Wall.) A. DC.。

胡颓子科 Elaeagnaceae

披针叶胡颓子
Elaeagnus lanceolata Warb.

常绿灌木。叶革质，长 5～14cm，宽 1.5～3.6cm，边全缘反卷，上面幼时被褐色鳞片，成熟后脱落，具光泽，下面密被银白色鳞片和鳞毛，散生少数褐色鳞片；叶柄长 0.5～0.7cm，黄褐色。花腋生，密被银白色和散生少褐色鳞片和鳞毛。果实椭圆形。花期 8～10 月，果期翌年 4～5 月。武功山羊狮幕、谭家坊等地有分布；海拔 800～1200m。用途：园林观赏；果食用。

蔓胡颓子
Elaeagnus glabra Thunb.

常绿攀缘灌木。叶革质，长4~12cm，宽2.5~5cm，边全缘微反卷，上面幼时具褐色鳞片，成熟后脱落，具光泽，下面灰绿色或铜绿色，被褐色鳞片；叶柄棕褐色，长0.5~0.8cm。花腋生，密被银白色和散生少数褐色鳞片。果实矩圆形，稍有汁。花期9~11月，果期翌年4~5月。武功山红岩谷、羊狮幕等地有分布；海拔400~1000m。用途：果食用。

毛木半夏
Elaeagnus courtoisi Belval.

落叶灌木。叶纸质，新枝基部发出的1~2片叶较小，新枝上部发出的叶长4~9cm，宽1~4cm，全缘，上面幼时密生黄白色星状长柔毛，成熟后无毛，下面被灰黄色星状柔毛或银白色鳞片；叶柄短，长0.2~0.5cm，被黄色长柔毛。花单生新枝基部叶腋。果实椭圆形或矩圆形。花期2~3月，果期4~5月。武功山景区入口等地有分布；海拔400~800m。用途：皮、根入药；果食用。

鼠李科 Rhamnaceae

长叶冻绿
Rhamnus crenata Sieb. et Zucc.

落叶灌木或小乔木。小枝被柔毛。叶长4～14cm，宽2～5cm，边缘具锯齿，下面被柔毛。腋生聚伞花序，总花梗长1cm以下。核果紫黑色，3分核。花期5～8月，果期8～10月。武功山各地有分布；海拔150～1200m。用途：园林绿化；根有毒；根和果实含黄色染料。

尼泊尔鼠李
Rhamnus napalensis (Wall.) Laws.

落叶藤状灌木。幼枝被短柔毛，叶大小异形，小叶长2～5cm，宽1.5～2.5cm；大叶长6～17（20）cm，宽3～8.5（10）cm，边缘具圆齿或钝锯齿，上面无毛，下面仅脉腋被簇毛；叶柄长1.3～2cm，无毛。腋生聚伞总状花序，花序轴被短柔毛；花单性，外面被微毛。核果倒卵状球形。花期5～9月，果期8～11月。武功山各地有分布；海拔400～1000m。用途：果入药，治疥疮。

多花勾儿茶
Berchemia floribunda (Wall.) Brongn.

落叶藤状灌木。枝、叶和花序无毛。叶长4～9cm，宽2～5cm，顶端锐尖；叶柄长1～2cm。顶生聚伞圆锥花序。核果圆柱状。花期7～10月，果期翌年4～7月。武功山各地有分布；海拔600～1000m。用途：园林观赏；根入药；嫩叶作茶饮。

枳椇
Hovenia acerba Lindl.

落叶乔木。小枝被柔毛。叶长8～17cm，宽6～12cm，边缘具浅齿，下面沿脉被短柔。整齐的二歧状聚伞圆锥花序顶生或腋生，被毛。核果无毛，果序轴膨大成肉质状并"之"字形曲折。花期5～7月，果期8～10月。武功山各地有分布；海拔200～1000m。用途：园林绿化；优质用材；果序轴可生食、酿酒、熬糖；种子能解酒毒。

北枳椇
Hovenia dulcis Thunb.

落叶乔木。小枝褐色或黑紫色，无毛，有不明显的皮孔。叶长 7～17cm，宽 4～11cm，边缘有不整齐的锯齿，仅下面沿脉被疏短柔毛；叶柄长 2～4.5cm，无毛。花顶生；花序轴和花梗均无毛。浆果状核果近球形，成熟时黑色。花期 5～7 月，果期 8～10 月。武功山各地有分布；海拔 900m 以下。用途：同枳椇。

葡萄科 Vitaceae

刺葡萄
Vitis davidii (Roman. du Caill.) Foex.

落叶木质藤本。小枝密被皮刺，无毛。卷须 2 叉分枝。叶长 5～12cm，宽 4～16cm，两面无毛，基生脉 5 出，中脉常疏生小皮刺。花杂性异株；圆锥花序与叶对生；花瓣 5 枚，呈帽状黏合脱落；雄蕊 5 枚。果熟时紫红色。花期 4～6 月，果期 7～10 月。武功山各地有分布；海拔 550～1100m。用途：根供药用；育种材料。

毛葡萄
Vitis heyneana Roem. et Schult

落叶木质藤本。小枝有纵棱纹，被灰色或褐色蛛丝状绒毛。卷须2叉分枝，密被绒毛，每隔2节间断与叶对生。叶长4~12cm，宽3~8cm，边缘每侧有9~19个尖锐锯齿，上面绿色，初时疏被蛛丝状绒毛，下面密被灰色或褐色绒毛，基生脉3~5出，中脉有侧脉4~6对，下面脉上密被绒毛，有时短柔毛或稀绒毛状柔毛；花杂性异株；圆锥花序疏散，与叶对生，被灰色或褐色蛛丝状绒毛；花瓣5枚，呈帽状黏合脱落；败育；花盘发达，5裂。花期4~6月，果期6~10月。武功山草甸零星分布；海拔300~2000m。用途：果可食。

桦叶葡萄
Vitis betulifolia Diels & Gilg

落叶木质藤本。有显著纵棱纹，嫩时小枝疏被蛛丝状绒毛。卷须2叉分枝，每隔2节间断与叶对生。叶长4~12cm，宽3.5~9cm，不分裂或3浅裂，每侧边缘锯齿15~25个，齿急尖，上面绿色，初时疏被蛛丝状绒毛和被短柔毛；基生脉5出，网脉下面微突出；托叶膜质，褐色，条状披针形。圆锥花序疏散，与叶对生；花蕾倒卵圆形；萼碟形，边缘膜质，全缘，花瓣5片，呈帽状黏合脱落；花盘发达，5裂。果实圆球形，成熟时紫黑色。花期3~6月，果期6~11月。武功山草甸零星分布；海拔650~2000m。用途：野生果树遗传资源。

异叶地锦（异叶爬山虎）
Parthenocissus dalzielii Gagnep.

木质藤本。小枝无毛。卷须总状5~8分枝，顶端具吸盘状。两型叶，短枝上为3小叶；长枝上为单叶，完全无毛。花序假顶生于短枝顶端，多歧聚伞花序。果熟时黑色。花期5~7月，果期7~11月。武功山各地有分布；海拔200~1100m。用途：城市垂直绿化。

长柄地锦
Parthenocissus feddei (Levl.) C. L. Li

落叶木质藤本。小枝圆柱形。卷须总状6~11分枝，相隔2节间断与叶对生，卷须顶端嫩时微膨大呈拳头形，后遇附着物扩大成吸盘。叶长6~17cm，宽3~7cm，中央小叶上半部边缘有6~9个粗钝锯齿，侧生小叶外侧有11~15个钝锯齿，内侧上半部有5~7个钝锯齿；侧脉6~7对。花序歧聚伞花序；萼碟形，边缘波状5裂，花瓣5片，顶端内缘黏合处有一向下生长的舌状附属物；果实近球形，有种子1~2颗；种脐在背面中部呈圆形，腹部中棱脊突出，两侧洼穴呈沟状。花期6~7月，果期8~10月。武功山草甸零星分布；海拔600~1500m。用途：绿化植物。

俞藤
Yua thomsoni (Laws.) C. L. Li

木质藤本。小枝无毛；卷须2叉分枝，与叶对生。叶为掌状5小叶，小叶长2.5~7cm，宽1.5~3cm，下面被白粉，两面无毛或仅脉上被疏毛；叶柄长2.5~6cm，无毛。复二歧聚伞花序，与叶对生，无毛；萼碟形，边缘全缘无毛；花瓣5片。果紫黑色，味淡甜。花期5~6月，果期7~9月。武功山各地有分布；海拔450~1000m。用途：根入药，治疗关节炎等症。

显齿蛇葡萄
Ampelopsis grossedentata (Hand.-Mazz.) W. T. Wang

常绿藤本。小枝无毛。卷须2叉分枝，与叶对生。叶为1~2回羽状复叶，2回羽状复叶者基部一对为3小叶，小叶长2~5cm，宽1~2.5cm，两面均无毛。伞房状多歧聚伞花序，与叶对生。花期5~8月，果期8~12月。武功山各地有分布；海拔150~1000m。用途：园林棚架植物。

广东蛇葡萄
Ampelopsis cantoniensis (Hook. et Arn.) Planch.

常绿木质藤本。小枝被短柔毛；卷须2叉分枝与叶对生。叶为二回羽状复叶，长3～11cm，宽1.5～6cm，上面有浅色小圆点，下面在脉基部疏生短柔毛，后无毛；叶柄长2～8cm，嫩时被稀疏短柔毛，后无毛。伞房状多歧聚伞花序，顶生或与叶对生。果实近球形。花期4～7月，果期8～11月。武功山各地有分布；海拔300～1000m。用途：园林绿化。

灰毛蛇葡萄
Ampelopsis bodinierei var. *cinerea* (Gagnep.) Rehd.

落叶木质藤本。小枝有纵棱纹。卷须2叉分枝，相隔2节间断与叶对生。叶片不分裂或上部微3浅裂，长7～12.5cm，宽5～12cm；基出脉5，叶下有灰色短柔毛。花序为复二歧聚伞花序；花蕾椭圆形，高2.5～3mm，萼浅碟形，萼齿不明显，边缘呈波状；花瓣5片；花盘明显，5浅裂。果实近球圆形，直径0.6～0.8cm；种子基部有短喙，表面光滑，背腹微侧扁，种脐在种子背面下部向上呈带状渐狭，腹部中棱脊突出，两侧洼穴呈沟状，上部略宽。花期4～6月，果期7～8月。武功山草甸零星分布；海拔200～2000m。用途：园林绿化。

乌蔹莓
Cayratia japonica (Thunb.) Gagnep.

草质藤本。小枝圆柱形，有纵棱纹；卷须2～3叉分枝，相隔2节间断与叶对生。叶为鸟足状5小叶，中央小叶长椭圆形或椭圆披针形，长2.5～4.5cm，宽1.5～4.5cm，顶端急尖或渐尖，基部楔形，侧生小叶椭圆形或长椭圆形，长1～7cm，宽0.5～3.5cm，顶端急尖或圆形，基部楔形或近圆形，边缘每侧有6～15个锯齿；叶柄长1.5～10cm，中央小叶柄长0.5～2.5cm，侧生小叶无柄或有短柄，侧生小叶总柄长0.5～1.5cm。花序腋生，复二歧聚伞花序；花序梗长1～13cm，花梗长1～2mm；花瓣4片，三角状卵圆形；雄蕊4枚。果实近球形，直径约1cm，有种子2～4颗。花期3～8月，果期8～11月。武功山各地有分布；海拔200～1200m。用途：茎、叶入药。

崖爬藤
Tetrastigma obtectum (Wall.) Planch.

草质或半木质藤本。茎无毛或疏毛。卷须4～7呈伞状与叶对生。掌状复叶5小叶，小叶长1～4cm，宽0.5～2cm，两面无毛。花序无毛，花瓣4片，雄蕊4枚。花期4～6月，果期8～11月。武功山各地有分布；海拔300～1000m。用途：全草入药，有祛风湿的功效。

紫金牛科 Myrsinaceae

杜茎山
Maesa japonica (Thunb.) Moritzi. ex Zoll.

常绿灌木。枝、叶无毛。叶长6～10cm，宽2～3.5cm。总状花序或圆锥花序腋生；花冠白色，钟形，具腺条纹。果球形，具腺条纹，宿存萼包果顶端，花柱宿存。花期1～3月，果期10月至翌年的5月。武功山各地有分布；海拔350～1200m。用途：果可食；全株药用；园林绿化。

罗伞树
Ardisia quinquegona Bl.

常绿灌木。全株无毛。叶长8～16cm，宽2～4cm，全缘，侧脉多而不明显，连成近边缘的边缘脉，无腺点；叶柄长0.5～1cm。聚伞花序腋生。果具钝5棱，无腺点。花期5～6月，果期12月或翌年2～4月。武功山各地有分布；海拔200～800m。用途：园林观赏。

百两金
Ardisia crispa (Thunb.) A. DC.

常绿灌木。具匍匐生根的根茎。叶长7~12（~15）cm，宽1.5~3（~4）cm，全缘或略波状，具明显的边缘腺点，两面无毛，背面多少具细鳞片；叶柄长0.5~0.8cm。亚伞形花序，着生于侧生特殊花枝顶端。果球形，鲜红色，具腺点。花期5~6月，果期10~12月，有时植株上部开花，下部果熟。武功山羊狮幕路上等地有分布；海拔650~1000m。用途：根、叶药用；果可食。

朱砂根
Ardisia crenata Sims

常绿灌木。茎无毛，无分枝。叶长7~15cm，宽2~4cm，边缘具皱波状或波状齿，具明显的腺点，两面无毛，有时背面具极小的鳞片；叶柄长约1cm。伞形花序或聚伞花序。果球形，鲜红色，具腺点。花期5~6月，果期10~12月，有时为翌年2~4月。武功山各地有分布；海拔300~1200m。用途：园林观赏；根入药。

网脉酸藤子
Embelia rudis Hand.-Mazz.

常绿藤本。枝、叶无毛；枝密布皮孔。叶长 5~10cm，宽 2~4cm，边缘具整齐锯齿，网脉明显；叶柄长 0.5~0.8cm。总状花序腋生。果球形，宿存萼紧贴果。花期 10~12 月，果期翌年 4~7 月。武功山各地有分布；海拔 200~1500m。用途：根、茎可供药用。在《Flora of China》中已归并为：密齿酸藤子 *Embelia vestita* Roxb.。

光叶铁仔
Myrsine stolonifera (Koidz.) Walker

常绿灌木。全株无毛。叶长 6~10cm，宽 1.5~3cm，全缘或有时中部以上具 1~2 对齿；叶柄长 0.5~0.8cm。伞形花序或花簇生腋生。果球形。花期 4~6 月，果期 12 月至翌年 12 月。武功山各地有分布；海拔 500~1200m。用途：园林观赏。

密花树
Rapanea neriifolia (Sieb. et Zucc.) Mez.

常绿小乔木。枝叶无毛。叶长7~17cm，宽1.3~6cm，全缘，网脉不明显。伞形花序或花簇生，着生于短枝上。花期4~5月，果期10~12月。武功山各地有分布；海拔250~1100m。用途：园林观赏。根药用。在《Flora of China》中拉丁学名已修改为：*Myrsine seguinii* H. Léveillé。

柿树科 Ebenaceae

粉叶柿（浙江柿）
Diospyros glaucifolia Metc.

落叶乔木。冬芽卵形。叶革质，宽椭圆形，长7.5~17.5cm，宽3.5~7.5cm，基部圆形，深绿色，无毛；叶柄长1.5~2.5cm，无毛。雄花聚伞花序，雌花单生或2~3朵丛生。果球形，直径1.5~2(3)cm，熟时红色，种子近长圆形，长约1.2cm，宽约0.8cm，淡褐色，果柄极短，长0.2~0.3cm，有短硬毛。花期4~5(~7)月，果期9~10月。武功山仙池、猴谷、羊狮幕大峡谷等地有分布；海拔400~900m。用途：木材作纤维板原料，果入药。在《Flora of China》中已归并为：山柿 *Diospyros japonica* Sieb. & Zucc.。

罗浮柿
Diospyros morrisiana Hance

乔木或小乔木。冬芽圆锥状,有短柔毛。叶薄革质,长椭圆形,长5~10cm,宽2.5~4cm,基部楔形,叶缘微背卷;叶柄长约1cm。雄花序聚伞花序,雌花腋生,花梗长约0.2cm。果球形,直径约1.8cm,黄色;果柄长约0.2cm。花期5~6月,果期11月。武功山各地有分布;海拔500~1000m。用途:木材用于纤维板、家具;果入药。

野柿
Diospyros kaki var. *sylvestris* Makino

落叶大乔木。冬芽卵形。叶纸质,卵状椭圆形,长5~18cm,宽2.8~9cm,基部楔形,小枝及叶柄常密被黄褐色柔毛,叶较栽培柿树的叶小,叶片下面的毛较多。花较小。果亦较小,直径2~5cm。武功山各地有分布;海拔200~900m。用途:果食用或入药。

芸香科 Rutaceae

两面针
Zanthoxylum nitidum (Roxb.) DC.

常绿藤本。茎、枝及叶轴有弯刺。羽状复叶，小叶3~5对生，长3~12cm，宽2~6cm，边缘有疏浅齿，有时全缘；中脉在叶面凸起，具皮刺或无；近无小叶柄。花序腋生，花4基数。花期3~5月，果期9~11月。武功山红岩谷、大王庙等地有分布；海拔200~800m。用途：根、茎、叶、果皮入药。

竹叶花椒
Zanthoxylum armatum DC.

落叶小乔木。茎枝多锐刺，刺基部宽而扁。叶有3~9小叶，小叶对生，通常披针形，长3~12cm，宽1~3cm，叶缘有甚小且疏离的裂齿，或近于全缘。花序近腋生或同时生于侧枝之顶，长2~5cm，背部近顶侧各有1油点。果紫红色。花期4~5月，果期8~10月。武功山各地有分布；海拔300~1200m。用途：果食用；根入药。

野花椒
Zanthoxylum simulans Hance

灌木或小乔木。枝干散生基部宽而扁的锐刺。叶有小叶 5～15 片；小叶对生，无柄，长 2.5～7cm，宽 1.5～4cm，两侧略不对称，顶部急尖，油点多，叶缘有疏离而浅的钝裂齿。花序顶生，长 1～5cm；花被片 5～8 片，雄花的雄蕊 5～8（～10）枚，心皮 2～3 个。果红褐色，油点多。花期 3～5 月，果期 7～9 月。武功山中庵、福星谷、太平山等地有分布；海拔 350～900m。用途：果食用；根皮含多类生物碱，入药。

楝叶吴萸
Tetradium glabrifolium (Champ. ex Benth.) Hartley

落叶乔木。奇数羽状复叶；有小叶 7～11 片，小叶长 6～10cm，宽 2.5～4cm，两则明显不对称，油点不显或甚稀少且细小，叶缘有细钝齿或全缘，无毛。花序顶生，花甚多；萼片及花瓣均 5 枚，花瓣白色。分果瓣淡紫红色，油点疏少。花期 7～9 月，果期 10～12 月。武功山羊狮幕、高天岩等地有分布；海拔 400～900m。用途：根、果入药。

茵芋
Skimmia reevesiana Fort.

常绿灌木。枝叶无毛。单叶集生枝上部，叶长 5～12cm，宽 1.5～4cm；叶柄长 0.5～1cm。花序被细毛，顶生圆锥花序，萼片及花瓣均 5 枚。核果红色。花期 3～5 月，果期 9～11月。武功山红岩谷等地有分布；海拔 1100～1700m。用途：园林观赏。

枳
Poncirus trifoliata (L.) Raf.

落叶灌木或小乔木。枝绿色，嫩枝扁有纵棱，刺长 4cm。指状三出复叶，叶柄有狭翼，小叶长 2～5cm，宽 1～3cm。花单朵或成对腋生。果径 2～4.5cm，顶微凹有环圈，瓢囊 6～8 瓣。花期 5～6 月，果期 10～11 月。武功山各地有栽培；海拔 150～500m。用途：果入药；作柑橘类砧木；叶、花提炼精油。

苦木科 Simaroubaceae

臭椿
Ailanthus altissima (Mill.) Swingle

落叶乔木。嫩枝有髓。奇数羽状复叶,小叶长7~13cm,宽2.5~4cm,基部偏斜,两侧各具1或2个粗腺锯齿。圆锥花序,萼片5枚,花瓣5片。翅果,种子位于翅的中间。花期4~5月,果期8~10月。武功山谭家坊等地有分布;海拔300~1000m。用途:园林绿化;能适应石灰岩地区生长;树皮、根皮、果实均可入药;种子含油35%。

金粟兰科 Chloranthaceae

草珊瑚
Sarcandra glabra (Thunb.) Nakai

常绿半灌木;茎与枝均有膨大的节。叶革质,顶端渐尖,边缘具粗锐锯齿,齿尖有一腺体;叶柄基部合生成鞘状;托叶钻形。穗状花序顶生,通常分枝,连总花梗长1.5~4cm;花黄绿色;子房球形或卵形,无花柱,柱头近头状。核果球形,熟时亮红色。花期6月,果期8~10月。武功山谭家坊、羊狮幕等地有分布;海拔420~1500m。用途:全株供药用。

楝科 Meliaceae

香椿
Toona sinensis (A. Juss.) Roem.

落叶乔木。树皮片状脱落。偶数羽状复叶，窄卵状披针形，长9～15cm，宽2.5～4cm，两面无毛。圆锥花序被短柔毛或近无毛，花萼5齿裂或浅波状，外面被柔毛；花瓣5片，白色；雄蕊10枚，其中5枚退化。蒴果狭椭圆形，长2～3.5cm，有皮孔；种子一端有膜质翅。花期6～8月，果期10～12月。武功山各地有栽培；海拔200～950m。用途：幼芽嫩梢作蔬食；木材为优良用材；根皮及果入药。

红花香椿
Toona rubriflora Tseng

落叶乔木。叶为偶数或奇数羽状复叶，有小叶8～9对，小叶互生或近对生，纸质卵状，长4.5～13cm，宽2～4cm，基部歪斜，全缘。圆锥花序顶生，花梗长约0.1cm。蒴果木质，倒卵状长圆形，长3.5～4.5cm；种子两端有翅。花期6月，果期11月。武功山谭家坊等地有分布；海拔300～1000m。用途：园林绿化；木材为优质用材。在《Flora of China》中拉丁学名已修改为：*Toona fargesii* A. Chevalier。

无患子科 Sapindaceae

无患子
Sapindus mukorossi Gaertn.

落叶乔木。全株无毛。羽状复叶，小叶长 7～15cm，宽 2～5cm。圆锥花序顶生，花瓣 5 片；雄蕊 8 枚。核果干时变黑。花期春季，果期夏秋。武功山黄洲村等地有分布；海拔 200～1000m。用途：园林观赏；根和果入药。在《Flora of China》中拉丁学名已修改为：*Sapindus saponaria* L.。

复羽叶栾树
Koelreuteria bipinnata Franch.

落叶乔木。二回羽状复叶，小叶长 3.5～7cm，宽 2～3.5cm；两面近无毛。圆锥花序大；萼 5 裂；花瓣 4 片，雄蕊 8 枚。蒴果具 3 棱，淡紫红色。花期 7～9 月，果期 8～10 月。武功山各地有栽培；海拔 300～1100m。用途：园林观赏；根入药。

全缘叶栾树（黄山栾树）
Koelreuteria bipinnata var. *integrifoliola* (Merr.) T. Chen

与复羽叶栾树的区别点是小叶通常全缘，仅有时一侧近顶部边缘有锯齿。武功山各地有栽培；海拔100~500m。用途：园林观赏。

清风藤科 Sabiaceae

鄂西清风藤
Sabia campanulata subsp. *ritchieae* (Rehd. et Wils.) Y. F. Wu

落叶攀缘木质藤本。小枝淡绿色。叶长3.5~8cm，宽3~4cm，基部楔形或圆形，叶面深绿色，有微柔毛，叶柄长0.4~1cm，被长柔毛。花梗长1.5~3cm，单生于叶腋，萼片5枚，花瓣5片，雄蕊5枚，分果爿阔倒卵形，花期5月，果期7月。武功山草甸零星分布；海拔500~1700m。用途：园林绿化。

灰背清风藤
Sabia discolor Dunn

常绿攀缘木质藤本。老枝深褐色，叶长4～7cm，宽2～4cm，基部圆或阔楔形，两面均无毛，叶背苍白色；叶柄长7～1.5cm。聚伞花序呈伞状，总花梗长1～1.5cm，萼片5枚，花瓣5片，雄蕊5枚。分果爿红色，呈翅状，两侧面有不规则的块状凹穴，腹部凸出。花期3～4月，果期5～8月。武功山各地有分布；海拔400～1100m。用途：园林绿化。

红柴枝
Meliosma oldhamii Maxim.

落叶乔木。羽状复叶，有小叶7～15片，小叶长3～5cm，基部阔楔形，边缘具疏离的锐尖锯齿。圆锥花序顶生，花梗长0.1～0.15cm；萼片5枚，外面3片花瓣近圆形。核果球形，直径0.4～0.5cm。花期5～6月，果期8～9月。武功山各地有分布；海拔600～1000m。用途：木材为优质用材；园林绿化。

腋毛泡花树
Meliosma rhoifolia var. *barbulata* (Cufod.) Law

常绿乔木。小枝无毛。叶为羽状复叶，小叶长 5～15cm，宽 2～3.5cm，基部圆形或阔楔形，叶背灰绿色，两面均无毛；小叶柄长约 1cm。圆锥花序顶生，长约 25cm，宽约 20cm，萼片 5 枚，外面 3 片花瓣扁圆形。核果近球形，直径 0.4～0.6cm。花期 5～6 月，果期 8～10 月。武功山各地有分布；海拔 500～1000m。用途：木材为优质用材；园林绿化。

漆树科 Anacardiaceae

南酸枣
Choerospondias axillaris (Roxb.) Burtt et Hill

落叶乔木。全株无毛。奇数羽状复叶；小叶长 4～12cm，宽 2～4.5cm。雌雄异株。核果熟时黄色，长 2.5～3cm，直径约 2cm，顶端具 5 个小孔。武功山各地有分布；海拔 400～1100m。用途：果可食或酿酒；树皮和果入药。

盐肤木
Rhus chinensis Mill.

落叶小乔木。枝被柔毛。奇数羽状复叶，叶轴具宽的叶状翅，小叶长 6～12cm，宽 3～7cm，叶背被密柔毛。圆锥花序。核果略压扁，被毛和腺毛。花期 8～9 月，果期 10 月。武功山各地有分布；海拔 150～1100m。用途：供鞣革、医药、塑料和墨水等工业用。

野漆树
Toxicodendron succedaneum (L.) O. Kuntze

落叶乔木枝粗壮。枝叶无毛。奇数羽状复叶互生，常集生枝顶，小叶对生，长 5～16cm，宽 2～5.5cm，基部偏斜。圆锥花序。核果偏斜。武功山各地有分布；海拔 400～1000m。用途：根、叶及果入药；种子油作油漆。

木蜡树
Toxicodendron sylvestre (Sieb. et Zucc.) O. Kuntze

落叶乔木或小乔木。奇数羽状复叶互生，有小叶3~6对，小叶对生，长4~10cm，宽2~4cm，基部圆形，全缘，叶背密被柔毛或仅脉上较密。圆锥花序长8~15cm，密被锈色绒毛。核果极偏斜，压扁，先端偏于一侧，长约0.8cm，宽0.6~0.7cm，果核坚硬。武功山各地有分布；海拔700~1000m。用途：种子油作工业原料。

槭树科 Aceraceae

天台阔叶槭
Acer amplum var. *tientaiense* (Schneid.) Rehd.

落叶乔木。叶对生，5裂（稀在基部裂片再小分裂成7裂片），叶长8~14cm，宽7~16cm；除脉腋被毛外，叶两面无毛，叶柄、枝也无毛；叶主脉5条，裂片边缘无锯齿，叶基部截形，基部两裂片较长且近水平伸展。翅果长2.5~3.5cm，张开成近水平的钝角，小坚果不明显凸起。花期4月，果期9月。武功山红岩谷有分布；海拔1000~1200m。用途：园林观赏。

秀丽槭
Acer elegantulum Fang et P. L. Chiu

落叶乔木。枝无毛。叶基部深心形，叶片宽度大于长度，宽 7～10cm，长 5.5～8cm，常 5 裂，但开裂深度不达中部以下；裂片边缘具紧贴齿；叶面无毛，下面除脉腋被丛毛外无毛。圆锥花序无毛。翅果成熟后淡黄色，小坚果凸起，翅张开近于水平。花期 5 月，果期 9 月。武功山各地有分布；海拔 900～1400m。用途：园林观赏。

中华槭
Acer sinense Pax

落叶乔木。枝无毛。叶近革质，基部心形，长 10～14cm，宽 12～15cm，常 5 裂；裂片除近基部外其余边缘有紧贴的圆锯齿；深裂达叶片长度的 1/2，上面无毛，下面有白粉和脉腋丛毛；叶柄长 3～5cm。顶生圆锥花序，长 5～9cm，总花梗长 3～5cm；萼片 5 枚，淡绿色，花瓣 5 片，白色。翅果淡黄色，小坚果特别凸起，张开成锐角或钝角。花期 5 月，果期 9 月。武功山各地有分布；海拔 1200～2000m。用途：园林观赏；优质木材。

五裂槭
Acer oliverianum Pax

落叶小乔木。枝无毛。叶纸质，长 4~8cm，宽 5~9cm，基部近于心脏形或近于截形，5 裂；裂片三角状卵形或长圆卵形，先端锐尖，边缘有紧密的细锯齿；裂片间的凹缺锐尖，深达叶片的 1/3 或 1/2；叶柄长 2.5~5cm，细瘦。花杂性，伞房花序无毛，开花与叶的生长同时；萼片 5 枚，花瓣 5 片，淡白色，卵形，先端钝圆。翅果，翅嫩时淡紫色，成熟时黄褐色，镰刀形，连同小坚果共长 3~3.5cm，宽 1cm，张开近水平。花期 5 月，果期 9 月。武功山各地有分布；海拔 700~1200m。用途：园林观赏；优质用材。

鸡爪槭
Acer palmatum Thunb.

落叶小乔木。枝无毛。叶纸质，直径 7~10cm，基部心形，5~9 掌状分裂，通常 7 裂，裂片边缘具紧贴尖齿；裂深达叶片 1/2 或 1/3；叶下面脉腋被丛毛。花紫色，杂性。翅果嫩时紫红色，成熟时棕黄色，张开成钝角。花期 5 月，果期 9 月。武功山各地有分布；海拔 650~1200m。用途：园林观赏；红枫嫁接砧木。

青榨槭
Acer davidii Frarich.

落叶乔木。全株无毛。叶长 6～14cm，宽 4～9cm，基部心形或圆形，边缘具不整齐齿或浅裂；叶不裂或 1～2 开裂；叶柄长 2～8cm。翅果黄褐色；小坚凸起，张开成钝角或近水平。花期 4 月，果期 9 月。武功山各地有分布；海拔 500～1200m。用途：园林观赏；优质用材。

紫果槭
Acer cordatum Pax

常绿乔木。小枝无毛。叶长 6～9cm，宽 3～4.5cm，上面无毛，叶背脉腋具丛毛或无毛。伞房花序。翅果嫩时紫色，成熟时黄褐色，小坚果凸起，张开成钝角或近于水平；果梗长 1～2cm。花期 4 月下旬，果期 9 月。武功山羊狮幕等地有分布；海拔 400～1000m。用途：园林观赏。

罗浮槭
Acer fabri Hance

常绿乔木。小枝无毛。叶长7~11cm，宽2~3cm，上面无毛，下面无毛或脉腋稀被丛毛。伞房花序。小坚果凸起，翅与小坚果长3~3.4cm，张开成钝角；果梗长1~1.5cm。花期3~4月，果期9月。武功山各地有分布；海拔350~900m。用途：园林观赏。

红果罗浮槭
Acer fabri var. *rubrocarpum* Metc.

与原种罗浮槭的区别在于本变种的叶较小，长4.5~6cm，宽1.5~2cm。翅果较小，长2.5~3cm，张开成钝角，红色或红褐色。花期4月，果期9月。武功山各地有分布；海拔200~800m。用途：园林观赏。

安福槭
Acer shahgszeense var. *anfuense* Fang et Soong

落叶乔木，枝无毛。叶基部深心形，常7裂，有时基部裂片再2裂；裂片边缘具不整齐的紧贴锯齿，下面除叶脉上具毛及脉腋有丛毛外，其余无毛；叶柄长3~7cm。花杂性，圆锥花序。翅果黄褐色，小坚果凸起，张开近于水平。花期6月，果期10月。武功山红岩谷、羊狮幕等地有分布；海拔900~1200m。用途：园林观赏；优质用材。在《Flora of China》中已归并为：扇叶槭 *Acer flabellatum* Rehd.。

樟叶槭
Acer cinnamomifolium Hayata

常绿乔木，小枝细瘦，当年生枝淡紫褐色，被浓密的绒毛；叶革质，长圆椭圆形或长圆披针形，长8~12cm，宽4~5cm，基部圆形、钝形或阔楔形，先端钝形，具有短尖头，全缘或近于全缘；主脉在上面凹下，在下面凸起，侧脉3~4对，在上面微凹下；叶柄长1.5~3.5cm，淡紫色，被绒毛。翅果淡黄褐色，伞房果序；翅和小坚果长2.8~3.2cm，张开呈锐角或近于直角。花期4~5月，果期7~9月。鸡冠山、杨岐山等地有分布；海拔300~1200m。用途：园林观赏；用材。

七叶树科 Hippocastanaceae

天师栗
Aesculus wilsonii Rehd.

落叶乔木。小枝嫩时被长毛，后近无毛。小叶5~7，长10~25cm，宽4~8cm，叶背有柔毛。花序顶生直立，雄花与两性花同株，花萼管状；花瓣4片，雄蕊7枚。蒴果3裂；种脐淡白，约占种子1/3以下。花期4~5月，果期9~10月。武功山好汉坡、三天门等地有分布；海拔700~1000m。用途：园林绿化；蒴果入药。在《Flora of China》中拉丁学名已修改为：*Aesculus chinensis* var. *wilsonii* (Rehder) Turland et N. H. Xia。

省沽油科 Staphyleaceae

瘿椒树（银鹊树）
Tapiscia sinensis Oliv.

落叶乔木。枝、叶无毛。奇数羽状复叶，小叶长6~14cm，宽3.5~6cm。圆锥花序腋生，雄花与两性花异株。核果。花期5~6月，果期10~12月。武功山红岩谷等地有分布；海拔350~900m。用途：园林绿化。

野鸦椿
Euscaphis japonica (Thunb.) Dippel

落叶小乔木。奇数羽状复叶，叶对生，小叶长 4~8cm，宽 2~3.5cm，两面无毛，或仅叶背脉上有毛。圆锥花序顶生。蓇葖果红色。花期 5~6 月，果期 8~9 月。武功山各地有分布；海拔 1200m 以下。用途：园林观赏；根、果入药。

锐尖山香圆
Turpinia arguta (Lindl.) Seem.

常绿灌木。枝、叶无毛。单叶对生，长 7~22cm，宽 2~6cm，边缘具锯齿。顶生圆锥花序，花白色，萼片 5 枚，花瓣 5 片。浆果状核果。武功山各地有分布；海拔 1000m 以下。用途：枝、叶、根入药；园林观赏。

伯乐树科 Bretschneideraceae

伯乐树
Bretschneidera sinensis Hemsl.

落叶乔木。羽状复叶，小叶基部偏斜，长6～26cm，宽3～9cm，叶背有短毛。圆锥花序顶生，总花梗、花梗、花萼外面有短毛。蒴果被短毛。花期3～9月，果期5月至翌年4月。武功山红岩谷、羊狮幕等地有分布；海拔500～1100m。用途：园林观赏。

醉鱼草科 Buddlejaceae

醉鱼草
Buddleja lindleyana Fortune

落叶灌木。小枝具四棱；幼枝、叶下面、叶柄、花序、苞片及小苞片均密被星状短绒毛和腺毛。叶对生或近轮生，叶长3～11cm，宽1～5cm。穗状聚伞花序顶生，花紫色，雄蕊着生于花冠管下部。蒴果。花期4～10月，果期8月至翌年4月。武功山各地有分布；海拔200～1000m。用途：全株有小毒，作农药；园林观赏。

木犀科 Oleaceae

苦枥木
Fraxinus insularis Hemsl.

落叶大乔木。羽状复叶长10～30cm；叶柄长5～8cm，基部稍增厚，变黑色；叶轴平坦，具不明显浅沟。翅果红色至褐色，长匙形，长2～4cm，宽0.35～0.4cm，先端钝圆，微凹头并具短尖，翅下延至坚果上部，坚果近扁平；花萼宿存。花期4～5月，果期7～9月。武功山吊马桩、羊狮幕等地有分布；海拔600～1200m。用途：用材；园林观赏。

木犀（桂花）
Osmanthus fragrans (Thunb.) Lour.

常绿乔木或灌木。树皮灰褐色。小枝黄褐色，无毛。叶片长7～14.5cm，宽2.6～4.5cm，两面无毛；叶柄长0.8～1.2cm，最长可达15cm，无毛。聚伞花序簇生于叶腋，或近于帚状，每腋内有花多朵。果歪斜，椭圆形，长1～1.5cm，呈紫黑色。花期9～10月上旬，果期翌年3月。武功山各地有野生分布，广泛栽培；海拔400～1200m。用途：园林观赏；花可食；香精。

女贞
Ligustrum lucidum Ait.

常绿灌木或乔木。树皮灰褐色。叶片长 6~17cm，宽 3~8cm，上面光亮，两面无毛，中脉在上面凹入，下面凸起；叶柄长 1~3cm，上面具沟，无毛。圆锥花序顶生。果肾形或近肾形，长 0.7~1cm，径 0.4~0.6cm，深蓝黑色，成熟时呈红黑色，被白粉；果梗长 0~0.5cm。花期 5~7 月，果期 7 月至翌年 5 月。武功山各地有野生分布，广泛栽培；10~2000m。用途：园林绿化；果入药。

小蜡
Ligustrum sinense Lour.

落叶灌木或小乔木。小枝圆柱形，幼时被淡黄色短柔毛或柔毛，老时近无毛。叶长 2~7cm，宽 1~3cm，上面深绿色，疏被短柔毛或无毛，或仅沿中脉被短柔毛，下面淡绿色，疏被短柔毛或无毛，常沿中脉被短柔毛；叶柄长 2.8cm，被短柔毛。圆锥花序顶生或腋生。果近球形，径 0.5~0.8cm。花期 3~6 月，果期 9~12 月。武功山各地有分布；海拔 200~1000m。用途：城市绿化中作绿篱。

小叶女贞
Ligustrum quihoui Carr.

常绿灌木；叶革质，叶形和大小变异很大，长1.5～6cm，宽0.9～2.5cm；但叶柄均短于0.6cm。武功山草甸零星分布；海拔200～1000m。用途：果入药；园林观赏。

总梗女贞（阿里山女贞）
Ligustrum pricei Hayata

灌木或小乔木，被圆形皮孔，密被短柔毛。叶革质长3～9cm，宽1～4cm，叶缘平坦或稍反卷，两面光滑无毛，中脉在上面明显凹入，下面凸起，侧脉每边4～7条。圆锥花序，花序梗通常长1～2cm，有时缺；花序轴和分枝轴圆柱形，花序最下面分枝长0.5～1.5cm，有花3～7朵，上部花单生或簇生。果椭圆形或卵状椭圆形，呈黑色。花期5～7月，果期8～12月。武功山草甸沟谷有分布；海拔300～2000m。用途：叶作茶，具散风热等功效。

清香藤
Jasminum lanceolarium Roxb.

常绿藤本。枝具棱，被短柔毛。叶对生或近对生，三出复叶；叶柄长1~4.5cm，叶下面无毛或被疏短毛；小叶柄长0.5~4.5cm。复聚伞花序圆锥状；花冠白色高脚碟状。浆果。花期4~10月，果期6月至翌年3月。武功山各地有分布；海拔500~1100m。用途：园林棚架植物。

夹竹桃科 Apocynaceae

络石
Trachelospermum jasminoides (Lindl.) Lem.

常绿木质藤本。具乳汁；小枝被毛。叶长2~10cm，宽1~4.5cm，叶背被疏短毛；叶柄长约0.1cm。二歧聚伞花序腋生或顶生，花白色；花萼5深裂；花蕾顶端钝，花冠筒中部膨大，外面无毛，冠筒喉部及雄蕊着生处被短毛；子房2个离生心皮。蓇葖双生，叉开，无毛。花期3~7月，果期7~12月。武功山各地有分布；海拔200~900m。用途：园林棚架植物。

茜草科 Rubiaceae

鸡仔木

Sinoadina racemosa (Sieb. et Zucc.) Ridsd.

落叶乔木。小枝无毛。叶对生，长9～15cm，宽5～10cm，基部心形或钝，有时偏斜，上面无毛，背面无毛或有白色短柔毛；叶柄较长3～6cm、淡红色，小枝顶端常钝。头状花排成聚伞状圆锥状；花萼管密被苍白色长柔毛，花冠淡黄色，外面密被柔毛。萍乡广寒寨等地有分布；海拔330～950m。用途：木材用于乐器制作等；园林观赏。

水团花

Adina pilulifera (Lam.) Franch. ex Drake

常绿灌木至小乔木。叶对生，长4～12cm，宽1.5～3cm，两面无毛；叶柄长0.3～0.8cm，托叶2裂，早落。头状花序明显腋生；花冠白色，窄漏斗状，花冠管被微柔毛；雄蕊5枚，花柱伸出。花期6～7月。武功山各地有分布；海拔200～450m。用途：作固堤植物。

香果树
Emmenopterys henryi Oliv.

落叶大乔木。顶芽淡红色；枝、叶无毛。叶长 6～30cm，宽 3.5～14.5cm。圆锥状聚伞花序顶生；具白色叶状萼裂片；花冠漏斗形，白色，被绒毛。蒴果近纺锤形，有纵细棱。种子有阔翅。花期 6～8 月，果期 8～11 月。武功山红岩谷等地有分布；海拔 430～1430m。用途：园林观赏；耐水湿，可作固堤植物。

榄绿粗叶木
Lasianthus japonicus var. *lancilimbus* (Merr.) Lo

常绿灌木。枝和小枝无毛或嫩部被柔毛。叶近革质或纸质，披针形，长 9～15cm，宽 2～3.5cm，顶端骤尖或骤然渐尖，基部短尖，叶两面无毛；叶柄长 7～10mm，被柔毛或近无毛；托叶小，被硬毛。花无梗，常 2～3 朵簇生；苞片小；萼钟状，被柔毛；花冠白色，管状漏斗形，外面无毛，里面被长柔毛，裂片 5，近卵形。核果球形，径约 5mm，内含 5 个分核。花期 5～8 月，果期 9～10 月。武功山各地有分布；海拔 400～900m。用途：园林观赏。在《Flora of China》中已归并为：日本粗叶木 *Lasianthus japonicus* Miq.。

短刺虎刺
Damnacanthus giganteus (Mak.) Nakai

落叶灌木。枝顶部具短刺，无毛；根肉质、链珠状。叶长 4~14cm，宽 2~3.5cm，两面无毛，中脉在叶面凹陷；叶柄长 0.2~0.5cm，无毛。花 2 朵腋生于短总梗上；花萼钟状 4 裂，花冠白色无毛，内喉部被柔毛；雄蕊 4 枚，着生于花冠喉部。核果红色分核 2~4 个。花期 3~5 月，果熟期 11 月至翌年 1 月。武功山各地有分布；海拔 600~900m。用途：根肉质、链珠状，有补气血功效。

狗骨柴
Diplospora dubia (Lindl.) Masam.

常绿灌木或乔木。1 年生枝淡黄色。叶长 4~19.5cm，宽 2~8cm，两面无毛；叶柄长 0.5~1.5cm；托叶下部合生。花腋生，总花梗极短或无，花冠白色，裂片反卷；雄蕊 4 枚。浆果近球形，红色。花期 4~8 月，果期 5 月至翌年 2 月。武功山各地有分布；海拔 500~1000m。用途：园林观赏；根药用，治黄疸病等。

流苏子
Coptosapelta diffusa (Champ. ex Benth.) Van Steenis

常绿藤本被柔毛。叶长 2~9.5cm，宽 0.8~3.5cm，中脉在两面均有疏长硬毛，侧脉每边 3~4 条；叶柄长 0.2~0.5cm。花单生于叶腋，常对生；花梗纤细。蒴果稍扁球形，中间有 1 浅沟。花期 5~7 月，果期 5~12 月。武功山各地有分布；海拔 150~1000m。用途：园林棚架的攀缘植物；根辛辣，可治皮炎。

钩藤
Uncaria rhynchophylla (Miq.) Miq. ex Havil.

落叶藤本。全株无毛。叶长 5~12cm，宽 3~7cm；托叶深 2 裂。在叶柄附近的营养侧枝变成 2 弯钩。头状花序单生叶腋，或成单聚伞状排列。小蒴果长 0.5cm，被短柔毛，萼宿存。花、果期 5~12 月。武功山各地有分布；海拔 400~1200m。用途：带钩藤茎为著名中药。

大叶玉叶金花
（大叶白纸扇）
Mussaenda macrophylla Wall.

落叶攀缘状灌木。老枝四棱形，小枝密被长柔毛。叶长 12～14cm，宽 8～9cm，两面被疏散贴伏柔毛；叶柄极短，托叶卵形，长约 1cm，2 浅裂。聚伞花序有短总花梗；花萼裂片中一片成白色花瓣状，长 5～12cm。浆果被短柔毛。花期 6～7月，果期 8～11月。武功山各地有分布；海拔 150～1000m。用途：园林观赏。

玉叶金花
Mussaenda pubescens Ait. f. Hort.

落叶攀缘灌木。叶对生或轮生，膜质或薄纸质，卵状长圆形，长 5～8cm，疏被毛，下面密被短柔毛；托叶深 2 裂，裂片钻形。聚伞花序顶生，密花；苞片线形，有硬毛；花梗极短或无梗；白色花瓣状花萼阔椭圆形，长 2.5～5cm，两面被柔毛；花冠黄色，内面密生金黄色小疣突。浆果近球形，顶部有萼檐脱落后的环状疤痕。花期 6～7月。武功山各地有分布；海拔 300～1000m。用途：园林观赏；药用或晒干代茶叶饮用。

忍冬科 Caprifoliaceae

淡红忍冬
Lonicera acuminata Wall.

落叶或半常绿藤本，幼枝、叶柄和总花梗均被卷曲的棕黄色糙毛或糙伏毛。叶长4~8.5（14）cm，顶端长渐尖至短尖，被毛；花或单生或排成伞房状花序；花冠黄白色而有红晕，漏斗状，长1.5~2.4cm，外面无毛或有短糙毛，有时还有腺毛，唇形，筒内有短糙毛，基部有囊，上唇直立，下唇反曲；雄蕊略高出花冠，果实蓝黑色，卵圆形，种子有细凹点，两面中部各有一凸起的脊。花期6月，果熟期10~11月。武功山草甸沟谷灌丛中有分布；海拔800~2000m。用途：花入药。

忍冬（金银花）
Lonicera japonica Thunb.

落叶藤本。枝红褐色，具毛或无毛。叶长3~6cm，有缘毛，两面被毛但后无毛。总花梗生叶腋，长1~4cm，基部具叶状苞片4（2大2小），小苞片长0.1cm；萼筒无毛，萼齿有缘毛；花冠白或黄色；冠筒长3~5cm，外被腺毛和柔毛。浆果蓝黑色。花期4~6月，果熟期10~11月。武功山各地有分布；海拔200~1500m。用途：观赏；花入药或当茶饮。

菰腺忍冬

Lonicera hypoglauca Miq.

落叶藤本。幼枝、叶柄、叶下面和上面中脉及总花梗均密被上端弯曲的淡黄褐色短柔毛,有时夹有糙毛。叶纸质,卵状矩圆形,长6～11.5cm,有无柄或具极短柄的黄色至橘红色蘑菇形腺;叶柄长5～12mm。双花单生至多朵集生于侧生短枝上或枝顶;花冠白色,后变黄色,长3.5～4cm,唇形,常具无柄或有短柄的腺。果实熟时黑色,近圆形,有时具白粉。花期4～6月,果熟期10～11月。武功山杂溪村等地有分布;海拔850m以下。用途:园林观赏;花入药。

半边月(水马桑)

Weigela japonica var. *sinica* (Rehd.) Bailey

落叶灌木。叶长5～15cm,宽3～8cm,上面疏生短柔毛,脉上毛较密;叶柄长0.8～1.2cm,有柔毛。花长2.5～3.5cm,外面疏被短柔毛或近无毛,筒基部呈狭筒形,无毛。花期4～5月;武功山各地有分布;海拔400～1000m。用途:园林观赏。

伞房荚蒾
Viburnum corymbiflorum Hsu et S. C. Hsu

灌木或小乔木。枝和小枝黄白色，无毛或近无毛。叶革质，矩圆状披针形，长6～13cm，顶端急尖，基部圆形至宽楔形，边缘离基部1/3以上疏生外弯的尖锯齿，上面深绿色有光泽，侧脉4～6对，大部直达齿端；叶柄长约1cm，初时有疏毛，后变近无毛。圆锥花序因主轴缩短而成圆顶的伞房状，生于具1对叶的短枝之顶，长（1.5）3～4cm，直径3～6cm，疏被簇状短柔毛，总花梗长2～4.5cm；花芳香，生于序轴的第三级分枝上，有长梗；花冠白色，辐状，直径约8mm。果实红色，椭圆形。花期4月，果熟期6～7月。武功山各地有分布；海拔500～900m。用途：园林观赏。

宜昌荚蒾
Viburnum erosum Thunb.

落叶灌木，小枝无毛。叶长3～11cm，叶下面密被绒毛，近基部两侧有少数腺体，叶柄长0.3～0.5cm，钻形小托叶。复伞形式聚伞花序直径2～4cm，总花梗长1～2.5cm，第一级辐射枝常5条，花生于第二至第三级辐射枝上，常有长梗；萼筒筒状，被绒毛状簇状短毛，花期4～5月，果熟期8～10月。武功山草甸沟谷有分布；海拔200～900m。用途：园林绿化。

茶荚蒾（汤饭子）
Viburnum setigerum Hance

落叶灌木。全株无毛，外面 1 对鳞片为芽体长的 1/3～1/2。叶长 7～15cm；叶柄长 1～2.5cm，有少数长伏毛或近无毛。复伞形式聚伞花序无毛或稍被长伏毛，有极小红褐色腺点，直径 2.5～5cm，总花梗长 1～3.5cm。花期 4～5 月，果熟期 9～10 月。武功山各地有分布；海拔 300～1200m。用途：园林绿化；果食用。

荚蒾
Viburnum dilatatum Thunb.

落叶灌木。小枝被疏毛或几无毛。叶长 3～13cm，上面被伏毛，下面被黄色毛，脉上毛密，脉腋集聚簇状毛，有带黄色或近无色的透亮腺点，近基部两侧有少数腺体。复伞形聚伞花序稠密，直径 4～10cm；总花梗长 1～3cm。花期 5～6 月，果熟期 9～11 月。武功山各地有分布；海拔 200～1000m。用途：观赏；果食用。

厚壳树科 Ehretiaceae

长花厚壳树
Ehretia longiflora Champ. ex Benth.

常绿乔木。树皮深灰色至暗褐色，片状剥落；枝褐色，无毛。叶椭圆形或长圆状倒披针形，长 8～12cm，宽 3.5～5cm，先端急尖，基部楔形，全缘，无毛；叶柄长 1～2cm，无毛。聚伞花序生侧枝顶端，呈伞房状；花无梗或具短梗；花萼长 1.5～2mm，裂片卵形；花冠白色，筒状钟形，裂片卵形或椭圆状卵形，伸展或稍弯，明显比筒部短。核果淡黄色或红色，直径 8～15mm，核具棱，分裂成 4 个具单种子的分核。花期 4 月，果期 6～7 月。武功山有分布；海拔 500～1100m。用途：园林观赏；嫩叶可代茶用。

马鞭草科 Verbenaceae

臭牡丹
Clerodendrum bungei Steud.

落叶灌木。花序、叶柄密被柔毛。叶长 8～20cm，宽 5～15cm，基部截形或心形，具粗齿，叶面散生腺点，基部脉腋有腺体；叶柄长 4～17cm。伞房状聚伞花序顶生，苞片叶状，长约 3cm；花淡红色。核果蓝黑色。花果期 5～11 月。武功山各地有分布；海拔 100～1100m。用途：根、茎、叶入药。

海州常山
Clerodendrum trichotomum Thunb.

落叶灌木。枝、叶柄、花序等具毛或近无毛，枝髓分隔。叶长5～16cm，宽2～13cm，基部宽圆形，叶背被短毛或近无毛，侧脉每边3～5条，全缘；叶柄长2～8cm。伞房状聚伞花序顶生或腋生。核果包于宿萼内。花果期6～11月。武功山吊马桩等地有分布；海拔300～900m。用途：园林观赏。

海通
Clerodendrum mandarinorum Diels

落叶乔木。幼枝略呈四棱形，密被黄褐色绒毛，髓具明显的黄色薄片状横隔。叶片近革质，卵形至心形，长10～27cm，宽6～20cm，顶端渐尖，基部截形、近心形或稍偏斜，表面绿色，被短柔毛，背面密被灰白色绒毛。伞房状聚伞花序顶生，分枝多，疏散，花序梗以至花柄都密被黄褐色绒毛；苞片长4～5mm，易脱落；花萼小，钟状，密被短柔毛和少数盘状腺体，萼齿尖细，钻形；花冠白色或偶为淡紫色，有香气，外被短柔毛。核果近球形，幼时绿色，成熟后蓝黑色，干后果皮常皱成网状，宿萼增大，红色，包果一半以上。花果期7～12月。武功山各地有分布；海拔250～2200m。用途：枝、叶入药。

豆腐柴
Premna microphylla Turcz.

落叶灌木。枝有柔毛。叶长3~13cm，宽1.5~6cm，基部下延至叶柄两侧，全缘或有不规则粗齿；叶柄长0.5~2cm。聚伞花状；花冠淡黄色有柔毛和腺点。核果球形紫色。花、果期5~10月。武功山谭家坊等地有分布；海拔200~1100m。用途：叶用途制作凉粉；茎、根入药。

长柄紫珠
Callicarpa longipes Dunn

落叶灌木。枝、叶被腺毛和单毛。叶倒卵状披针形，长6~13cm，宽2~7cm，基部心形，叶背有黄色腺点，边缘具三角状粗齿；叶柄长0.5~0.8cm。花序宽约3cm。花期6~7月，果期8~12月。武功山各地有分布；海拔300~900m。用途：茎、叶入药。

广东紫珠
Callicarpa kwangtungensis Chun

落叶灌木。老枝无毛。叶中脉和部分叶柄大紫红色，长 15～26cm，宽 3～5cm，基部楔形下延，两面无毛但密生腺点；叶柄长 0.5～0.8cm。聚伞花序宽 2～3cm，3～4 次分歧，具疏星状毛，花序梗长 0.5～0.8cm。花期 6～7 月，果期 8～10 月。武功山各地有分布；海拔 700m 以下。用途：全株药用。

黄荆
Vitex negundo L.

落叶灌木。枝、花序、叶背密生绒毛。叶对生，掌状复叶 5（有时 3），小叶 4～13cm，宽 1～4cm，全缘或疏具齿；叶柄长 3～6cm。聚伞状圆锥花序顶生，花冠淡紫色、5 裂，二唇形；雄蕊伸出冠外。核果球形。花期 4～6 月，果期 7～10 月。武功山各地有分布；海拔 900m 以下。用途：驱蚊；花、果入药。

大血藤科 Sargentodoxaceae

大血藤
Sargentodoxa cuneata (Oliv.) Rehd. et Wils.

落叶木质藤本。全株无毛。三出复叶，或兼具单叶；叶柄长3~12cm。总状花序，单性花，雄花与雌花同序或异序；萼片6枚，花瓣状；花瓣6片。浆果熟时黑蓝色。花期4~5月，果期6~9月。武功山各地有分布；海拔200~1200m。用途：根、茎入药，有活血等功效。

木通科 Lardizabalaceae

三叶木通
Akebia trifoliata (Thunb.) Koidz.

落叶木质藤本。全株无毛。掌状复叶3小叶，长4~7.5cm，宽2~6cm，边缘具波状或波状浅齿或浅裂。果长6~8cm，直径2~4cm。花期4~5月，果期7~8月。武功山各地有分布；海拔200~1000m。用途：根、茎和果入药；果可食；种子榨油。

白木通
Akebia trifoliata subsp. *australis* (Diels) T. Shimizu

与三叶木通近似，但白木通叶较厚，边缘全缘、无波状；果长6~8cm，直径3~5cm。武功山各地有分布；海拔200~1100m。用途：根、茎和果入药；果可食；种子榨油。

粗柄野木瓜
Stauntonia crassipes T. Chen

藤本。全株无毛；茎与枝具明显的线纹。叶具短柄，小叶3片；叶柄粗，直径达0.35cm，小叶长11~14cm，宽5~7.5cm，边缘厚，背卷，干时上面红褐色，下面粉白褐色；中脉粗大，基部叶脉近三出。总花梗长2~3cm，4~5个簇生叶腋。花期3~4，果期10月。武功山谭家坊等地有分布；海拔300~900m。用途：果可食；园林绿化。在《Flora of China》中已归并为：三脉野木瓜 *Stauntonia trinervia* Merr.。

尾叶那藤

Stauntonia obovatifoliola subsp. *urophylla* (Hand.-Mazz.) H. N. Qin

木质藤本。茎、枝和叶柄具细线纹。掌状复叶有小叶 5～7 片；叶柄纤细，小叶长 4～10cm，宽 2～4.5cm。雄花花梗长 1～2cm。果长 4～6cm，直径 3～3.5cm；种子三角形，基部稍呈心形，长约 1cm，宽约 0.7cm，种皮深褐色，有光泽。花期 4 月，果期 6～7 月。武功山各地有分布；海拔 400～1000m。用途：果食用；根入药；园林绿化。

五月瓜藤

Holboellia angustifolia Wall

常绿木质藤本，无毛。掌状复叶小叶 5～9；小叶长 5～10cm，宽 1.2～3cm，边缘背卷，下面苍白色，侧脉与基出 2 脉均至近叶缘处网结。果紫色，长 5～9cm。花期 4～5 月，果期 7～8 月。武功山草甸沟谷分布；海拔 550～1600m。用途：果可食；根药用；种子含油 40%。

小檗科 Berberidaceae

南天竹
Nandina domestica Thunb.

常绿灌木。枝、叶无毛。叶互生，三回羽状复叶，小叶长2～8cm，宽0.5～2cm，近无柄。圆锥花序顶生，花白色，萼片多轮；雄蕊6枚。浆果球形，红色。花期3～6月，果期5～11月。武功山各地有分布；海拔950m以下。用途：园林观赏；根、叶、果入药。

阔叶十大功劳
Mahonia bealei (Fort.) Carr.

灌木或乔木。芽鳞卵形至卵状披针形，长1.5～4cm，宽0.7～1.2cm。叶长27～51cm，宽10～20cm，具4～10对小叶，节间长3～10cm。总状花序常3～9个簇生；花梗长4～6cm；花瓣倒卵状椭圆形，长0.6～0.7cm，宽0.3～0.4cm，基部腺体明显。花期9月至翌年1月，果期3～5月。武功山各地有分布；海拔900m以下。用途：园林观赏；全株药用。

短叶江西小檗
Berberis jiangxiensis var. *pulchella* C. M. Hu

常绿灌木。枝、叶无毛。老枝具棱槽，茎刺三分叉，柱形。叶矩圆形，长1.4~4cm，宽0.5~1.2cm，中脉凹陷，侧脉2~4对，叶缘近中部以上具4~7刺齿；叶柄长0.3cm。花1~3；花梗粗壮，长1~1.5cm；花黄色；萼片2轮。浆果椭圆状，顶端具短宿存花柱。花期4~6月，果期7~9月。武功山羊狮幕等地有分布；海拔1100~1700m。用途：园林观赏；根药用。

千屈菜科 Lythraceae

紫薇
Lagerstroemia indica L.

落叶乔木。小枝具4棱。叶对生（有时互生），长3.5~7cm，宽2~4cm，顶端短尖或钝形或微凹，无毛，叶柄很短。花淡红色或紫色、白色，顶生圆锥花序；花瓣6片，皱缩，具长爪；雄蕊36~42枚。蒴果椭圆形。花期6~9月，果期9~12月。武功山各地有野生分布，广泛栽培；海拔400~900m。用途：园林观赏；木材作农具；根、皮入药。

玄参科 Scrophulariaceae

白花泡桐
Paulownia fortunei (Seem.) Hemsl.

落叶乔木。幼枝、叶、花序各部和果均被星状毛，后近无毛。叶片长卵状心形。小聚伞花序具总花梗2～4cm；萼裂至1/4或1/3处；花冠白色或浅紫色，冠外有星状毛，腹部无明显纵褶，内被紫斑。花期3～4月，果期7～8月。武功山各地有分布；海拔800m以下。用途：用材；园林绿化；水土流失区恢复植被。

菝葜科 Smilacaceae

白背牛尾菜
Smilax nipponica Miq.

草本，直立或稍攀缘，有根状茎。茎长20～100cm，中空，有少量髓，干后凹瘪而具槽。叶长4～20cm，宽2～14cm，下面苍白色且通常具粉尘状微柔毛；如有卷须则位于基部至近中部。伞形花序花序托膨大，小苞片极小，早落；花绿黄色或白色，盛开时花被片外折；雌花与雄花大小相似，具6枚退化雄蕊。浆果，熟时黑色，有白色粉霜。花期4～5月，果期8～9月。武功山草甸零星分布；海拔200～1600m；用途：根状茎药用。

短梗菝葜
Smilax scobinicaulis C. H. Wright

常绿匍匐状灌木；茎和枝条通常疏生刺或近无刺，刺针状，长 4~5mm，稍黑色，茎上的刺有时较粗短。叶卵形或椭圆状卵形，干后有时变为黑褐色，长 4~12.5cm，宽 2.5~8cm，基部钝或浅心形；叶柄长 5~15mm。总花梗很短，一般不到叶柄长度的一半。雌花具 3 枚退化雄蕊。浆果直径 6~9mm。其他特征和上种非常相似。花期 5 月，果期 10 月。武功山草甸零星分布；海拔 600~2000m。用途：根状茎入药，治关节痛。

棕榈科 Arecaceae

棕榈
Trachycarpus fortunei (Hook.) H. Wendl.

常绿乔木。树干圆柱形，被不易脱落的老叶柄基部和密集的网状纤维。叶片呈 3/4 圆形或者近圆形，深裂成 30~50 片具皱折的线状剑形，宽 2.5~4cm，长 60~70cm 的裂片，裂片先端具短 2 裂或 2 齿；叶柄长 75~80cm，两侧具细圆齿，顶端有明显的戟突。雌雄异株，花序粗壮，多次分枝，从叶腋抽出。雄花序长约 40cm，具有 2~3 个分枝花序；雄花无梗，每 2~3 朵密集着生于小穗轴上，偶有单生；黄绿色；花萼 3 枚，花瓣阔卵形。雌花序长 80~90cm，花序梗长约 40cm，其上有 3 个佛焰苞包着，具 4~5 个圆锥状的分枝花序；雌花淡绿色，通常 2~3 朵聚生；花无梗，球形，着生于短瘤突上，萼片阔卵形，3 裂，基部合生，花瓣卵状近圆形，长于萼片 1/3。果实阔肾形，有脐，成熟时由黄色变为淡蓝色，有白粉。花期 4 月，果期 12 月。武功山各地有栽培；海拔 2000m 以下。用途：食用；沙发填充物；药用；园林绿化。

禾本科 Gramineae

'龟甲竹'
Phyllostachys edulis 'Heterocycla'

竹秆中部以下的一些节间极为缩短而于一侧肿胀，相邻的节交互倾斜而于一侧彼此上下相接或近于相接，其他性状同毛竹。武功山羊狮幕等地有分布；海拔300～1000m。用途：用材；园林观赏。

'花毛竹'
Phyllostachys heterocycla 'Tao Kiang'

竹秆具黄绿相间的纵条纹，其他性状同毛竹。武功山毛竹林内有分布。用途：用材；园林观赏。

毛竹

Phyllostachys edulis (Carrière) J. Houzeau

常绿。幼秆密被细毛及白粉，箨环有毛，老秆无毛；秆环不明显，低于箨环。箨鞘背面具黑褐色斑点及密生棕色刺毛；箨耳繸毛发达；箨舌宽短。笋期4月，花期5~8月。武功山各地有分布；海拔300~1000m。用途：用材；造纸；竹工艺品；园林观赏。

箭竹

Fargesia spathacea Franch.

秆柄长7~13cm，粗7~20mm。秆丛生或近散生；秆基部节间长3~5cm，圆筒形，幼时无白粉或微被白粉，髓呈锯屑状；箨环隆起，幼时有灰白色短刺毛；秆芽边缘具灰黄色短纤毛。枝条微被白粉。箨鞘革质，背面被棕色刺毛；箨耳无，鞘口通常无繸毛；箨舌截形，幼时上缘密生灰色纤毛；叶耳微小，紫色，边缘灰色繸毛；叶片线状披针形，小横脉略明显。花枝，上部具1~3（4）片由叶鞘扩大成的佛焰苞。笋期5月，花期4月，果期5月。武功山草甸零星分布；海拔1300~2400m。用途：笋供食用；秆劈篾供编织用。

紫竹
Phyllostachys nigra (Lodd.ex Lindl.) Munro

秆高4~8m，幼秆绿色，密被细柔毛及白粉，箨环有毛，1年生以后的秆逐渐先出现紫斑，最后全部变为紫黑色。箨鞘背面红褐或更带绿色，无斑点或常具极微小不易观察的深褐色斑点，此斑点在箨鞘上端常密集成片，被微量白粉及较密的淡褐色刺毛；箨耳长圆形至镰形，紫黑色，边缘生有紫黑色继毛；箨舌紫色，边缘生有长纤毛；箨片绿色，但脉为紫色，微皱曲或波状。叶耳不明显，有脱落性鞘口继毛；叶舌稍伸出；叶片质薄，长7~10cm，宽约1.2cm。笋期4月下旬。武功山草甸沟谷有分布；海拔1000~1800m。用途：竹材较坚韧，供制作小型家具、手杖、伞柄、乐器及工艺品。

方竹
Chimonobambusa quadrangularis (Fenzi) Makino

秆直立，高3~8m，粗1~4cm，节间长8~22cm，呈钝圆的四棱形，幼时密被向下的黄褐色小刺毛，毛落后仍留有疣基，故甚粗糙（尤以秆基部的节间为然），秆中部以下各节环列短而下弯的刺状气生根；秆环位于分枝各节者甚为隆起，不分枝的各节则较平坦；末级小枝具2~5叶；叶鞘革质，光滑无毛；叶片薄纸质，长椭圆状披针形，长8~29cm，宽1~2.7cm，先端锐尖，基部收缩为一长约1.8mm的叶柄。武功山龙山村、杨岐寺旁等地有分布；海拔300~600m。用途：可供庭园观赏；秆可作手杖；食用。

草甸植物
MEADOW PLANTS

金发藓科 Polytrichaceae

硬叶小金发藓
Pogonatum neesii (C. Muell.) Dozy

植物体较小，高1~2cm，不分枝，上部叶片湿润时倾立，干燥时内曲，由不明显鞘部向上呈披针形，4.0~5.0mm×0.7mm；叶片平展，单层细胞，具锐齿，每个齿由1~3个细胞组成，顶端细胞棕色；中肋带绿色，背部上方1/3被齿；栉片约45列，高3~4个细胞，稀达6个细胞，顶细胞稀分化，呈椭圆形或圆方形，略呈圆钝。雌雄异株。蒴柄单出，高15~25mm，暗褐色；孢蒴短圆柱形，外壁具乳头；蒴齿长约0.2mm，基膜低；蒴盖长约1mm；蒴帽长约4mm；孢子直径约12μm，平滑。武功山草甸零星分布；海拔200~2600m。用途：药用；吸收金属元素。

紫萁科 Osmundaceae

紫萁
Osmunda japonica Thunb.

植株高50~80cm。根状茎短粗。叶簇生，柄长20~30cm，禾秆色，幼时被密绒毛；叶片为三角广卵形，长30~50cm，宽25~40cm，顶部一回羽状，其下为二回羽状；小叶有柄，基部往往有1~2片的合生圆裂片，边缘有均匀的细锯齿。叶脉两面明显，二回分歧，小脉平行，达于锯齿。叶干后为棕绿色。羽片和小羽片均短缩，小羽片变成线形，长1.5~2cm，沿中肋两侧背面密生孢子囊。武功山草甸零星分布；海拔10~2600m。用途：食用；可做附生植物培养剂。

蕨科 Pteridiaceae

蕨

Pteridium aquilinum var. *latiusculum* (Desv.) Underw. ex Heller

植株高可达 1m。根状茎密被锈黄色柔毛，光滑，上面有浅纵沟 1 条；叶片长 30~60cm，宽 20~45cm，三回羽状；羽片 4~6 对，对生或近对生，叶脉稠密，仅下面明显。叶干后近革质或革质，暗绿色，下面在裂片主脉上多少被棕色或灰白色的疏毛或近无毛。叶轴及羽轴均光滑，小羽轴上面光滑，下面被疏毛，少有密毛，各回羽轴上面均有深纵沟 1 条，沟内无毛。武功山草甸零星分布；海拔 100~2600m。用途：食用；药用。

卷柏科 Selaginellaceae

细叶卷柏

Selaginella labordei Heron. ex Christ

具横走的地下根状茎和游走茎，主茎自中下部开始羽状分枝，不呈"之"字形，茎圆柱状，具沟槽，侧枝 3~5 对，2~3 回羽状分枝，叶全部交互排列，具白边，主茎上的叶大于分枝上的，绿色，边缘具短睫毛。孢子叶穗紧密，背腹压扁，单生孢子叶略二型或明显二型，倒置，具白边，边缘具缘毛或细齿，孢子叶卵圆形，先端具芒或尖头，龙骨状；大孢子叶和小孢子叶相间排列，大孢子浅黄色或橘黄色；小孢子橘红色或红色。武功山草甸零星分布；海拔 10~2600m。用途：药用。

蹄盖蕨科 Athyriaceae

华东蹄盖蕨
Athyrium niponicum (Mett.) Hance

根状茎横卧，叶柄基部密被浅褐色鳞片。疏被较小的鳞片；叶片卵状长圆形，长（15~）23~30（~70）cm，中部宽（11~）15~25（~50）cm，中部以上二回羽状至三回羽状；略成尾状，基部阔斜形或圆形，中部羽片披针形，一回羽状至二回羽状；小羽片（8~）12~15，互生，成耳状凸起，两侧有粗锯齿或羽裂几达小羽轴两侧的阔翅。叶干后草质或薄纸质，灰绿色或黄绿色，略被浅褐色线形小鳞片。孢子囊群长圆形、弯钩形或马蹄形；囊群盖同形，褐色，边缘略呈啮蚀状。武功山草甸零星分布；海拔10~2600m。用途：药用；观赏。在《Flora of Chiana》中已归并为：日本安蕨 *Anisocampium niponicum* (Mettenius) Yea C. Liu, W. L. Chiou & M. Kato

水龙骨科 Polypodiaceae

节肢蕨
Arthromeris lehmanni (Mett.) Ching

附生植物。根状茎通常被白粉，鳞片淡黄色或灰白色，边缘具睫毛。叶柄禾秆色或淡紫色，光滑无毛；叶片一回羽状，长30~40cm，宽15~20cm；羽片通常4~7对，近对生，羽片间彼此远离，羽片披针形，长12~15cm，宽1.5~2cm，侧脉明显，小脉网状。叶纸质，通常两面光滑无毛，或幼叶两面具稀疏的柔毛。孢子囊群圆形或两个汇生呈椭圆形，在羽片中脉两侧各多行，不规则分布武功山草甸零星分布；海拔1000~2900m。用途：药用；观赏。

毛茛科 Ranunculaceae

阴地唐松草
Thalictrum umbricola Ulbr.

多年生草本，全株无毛。茎高 15～50cm，纤细，分枝。叶为二回或三回三出复叶；小叶薄草质，近圆形或宽倒卵形，长、宽为 1～2.5cm，基部圆形或浅心形，三浅裂，裂片有 1～2 圆齿，叶柄长达 12cm。伞房花序；花梗纤细，萼片 4 枚，卵形，白色，早落；雄蕊多数，长花丝上部狭倒披针形；心皮 6～9 个。瘦果纺锤形，长 0.3cm，有 8 条细纵肋。花期 3～4 月。武功山草甸零星分布；海拔 1000～1600m。用途：观赏。

爪哇唐松草
Thalictrum javanicum Bl.

多年生草本，全株无毛。茎高 30～100cm，中部以上分枝。茎生叶 4～6，为三至四回三出复叶；长 6～25cm，顶生小叶倒卵形或椭圆形，长 1.2～2.5cm，基部宽圆形或浅心形，三浅裂，有圆齿，背面脉隆起，脉网明显；托叶膜质，边缘流苏状分裂。花序近二歧状分枝，伞房状或圆锥状，萼片 4 枚，早落；雄蕊多数，花丝上部倒披针形；花柱宿存，顶端拳卷。瘦果狭椭圆形，长 0.2～0.3cm，有 6～8 条纵肋。花期 4～7 月。武功山草甸零星分布；海拔 1500～3400m。用途：药用；观赏。

华东唐松草
Thalictrum fortunei S. Moore

多年生草本，全株无毛。茎高20～60cm，自下部或中部分枝。基生叶有长柄，为二至三回三出复叶；小叶草质，背面粉绿色，基部圆形或浅心形，不明显三浅裂，边缘有浅圆齿，脉网明显，侧生小叶基部斜心形；叶柄细，有细纵槽，基部有短鞘，托叶膜质，半圆形，全缘。复单歧聚伞花序圆锥状；萼片4枚，白色或淡堇色，倒卵形；花丝上部倒披针形；心皮3～6个，花柱短，直或顶端弯曲，沿腹面生柱头组织；花柱宿存，顶端通常拳卷。瘦果无柄，圆柱状，长0.4～0.5cm，有6～8条纵肋。花期3～5月。武功山草甸等地有分布；海拔100～1500m。用途：药用；观赏。

扬子毛茛
Ranunculus sieboldii Miq.

多年生草本。须根伸长簇生。茎铺散，斜升，高20～50cm，下部节偃地生根，多分枝，密生开展的白色或淡黄色柔毛。叶为三出复叶，小叶圆肾形至宽卵形，长2～5cm，宽3～6cm，基部心形，3浅裂至较深裂，边缘有锯齿；叶柄长2～5cm，密生开展的柔毛，基部扩大成褐色膜质的宽鞘。花与叶对生，花梗密生柔毛；萼片狭卵形，外面生柔毛，花期向下反折；花瓣5片，黄色或上面变白色，有5～9条或深色脉纹，下部渐窄成长爪，蜜槽小鳞片位于爪的基部；花托粗短，密生白柔毛。聚合果圆球形，直径约1cm；瘦果扁平，边缘有宽棱，喙成锥状外弯。花果期5～10月。武功山草甸零星分布；海拔300～2500m。用途：药用。

钩柱毛茛
Ranunculus silerifolius Lév.

多年生草本，茎直立；高 20~40cm，全株被展开的毛。基生叶较短，三出复叶；小叶裂片较钝，中央小叶有柄，宽卵形，长 2~4cm，宽 1.5~3cm，3 浅裂，边缘有锯齿，两面有糙毛；两侧小叶有短柄，稀无柄，不等 2~3 浅裂；下部的茎生叶似基生叶。花序顶生，1 至多花；花萼 5 枚；花瓣 5 片，黄色雄蕊多数，花柱先端钩弯。聚合瘦果，分离，每个瘦果扁平；宿存花柱仍然先端弯钩状。花、果期 5~9 月。武功山草甸零星分布；海拔 300~1800m。用途：药用。

防己科 Menispermaceae

地不容
Stephania epigaea Lo

落叶藤本，全株无毛；块根硕大，扁球状。嫩枝紫红色，有白霜，干时现条纹。叶干时膜质，扁圆形，长 3~5cm，宽 5~6.5cm，顶端圆或偶有骤尖，下面稍粉白，掌状脉向上 3 条，向下 5 条；叶柄较长，盾状着生于叶片近基部。单伞形聚伞花序腋生，常紫红色而有白粉，花序梗上簇生多个小聚伞花序，花瓣紫色或橙黄而具紫色斑纹，稍肉质。果梗短而肉质，核果红色。花期 3~5 月，果期 6~8 月。武功山草甸零星分布；海拔 200~2000m。用途：药用。

十字花科 Cruciferae

武功山岩荠
Cochlearia hui O. E. Schulz

一年生细小草本，高 15～20cm；茎多数，匍匐弯曲，分枝，无毛。基生叶具 2 对小叶，顶生小叶卵形或近心形，长 1～2cm，顶端微缺，具小短尖，边缘有不等大的圆钝齿，侧生小叶较小，短歪卵形；中部茎生叶有长 1cm 的叶柄，具 3 小叶，上部茎生叶为单叶，具极短叶柄。总状花序，下部花梗长约 1.5cm，上部的长约 2cm；花瓣白色或浅蔷薇色。幼短角果椭圆形，长约 0.15cm；花柱的裂瓣有微小乳头。武功山草甸岩石缝中零星分布；海拔 1500m。用途：药用。在《Flora of China》中已修改为：武功山阴山荠 *Yinshania hui*（O. E. Schulz）Y. Z. Zhao。

蔊菜
Rorippa indica (L.) Hiern

一、二年生直立草本，高 20～40cm，植株较粗壮，茎表面具纵沟。叶互生，基生叶及茎下部叶具长柄，叶形多变化，通常大头羽状分裂，长 4～10cm，宽 1.5～2.5cm，顶端裂片大，边缘具不整齐牙齿；茎上部叶片宽披针形或匙形，边缘具疏齿，具短柄或基部耳状抱茎。总状花序，花小且具细花梗；花瓣黄色，匙形，基部渐狭成短爪，与萼片近等长；长角果线状圆柱形，短而粗，成熟时果瓣隆起。种子卵圆形而扁，一端微凹，褐色，具细网纹。花期 4～6 月，果期 6～8 月。武功山草甸零星分布；海拔 300～1800m。用途：药用。

堇菜科 Violaceae

柔毛堇菜
Viola fargesii H. Boissieu

多年生草本，全体被开展的白色柔毛。根状茎较粗壮，匍匐枝较长，有柔毛。叶近基生或互生于匍匐枝上；叶片长2~6cm，宽2~4.5cm，边缘密生浅钝齿，下面尤其沿叶脉毛较密；叶柄较长且密被长柔毛；托叶离生，有暗色条纹，边缘具长流苏状齿。花白色；花梗密被开展的白色柔毛，中部以上有2枚对生的线形小苞片；花瓣长1~1.5cm，侧方2片花瓣里面基部稍有须毛，下方1片花瓣距短而粗，呈囊状，子房无毛；蒴果长圆形。花期3~6月，果期6~9月。武功山草甸零星分布；海拔300~2000m。用途：园林地被植物。

景天科 Crassulaceae

庐山景天
Sedum lushanense S.S. Lai

多年生草本，全株无毛。茎丛生，直立或匍匐，高10~30cm。叶片线状条形，长1~2.3cm，宽0.2~0.4cm，基部有短距（即约0.3cm长不贴生于茎而悬空），3~4片轮生或对生。花柄长0.3cm，花为5基数，萼片线状，具短距且离生；花瓣黄色，先端尖，基部狭窄，有短柄，分离；雄蕊10枚，2轮；心皮5个，先端尖。花期5~6月，果期7~8月。武功山草甸零星分布；海拔800~1900m。用途：园林观赏；入药。

佛甲草
Sedum lineare Thunb.

多年生草本，无毛。茎高 10～20cm。3 叶轮生，少有 4 叶轮生或对生的，叶线形，先端钝尖，基部无柄，有短距。花序聚伞状，中央有一朵有短梗的花，另有 2～3 分枝，着生花无梗；萼片 5 枚，线状披针形，不等长，不具距，有时有短距，先端钝；花瓣黄色，先端急尖，基部稍狭，较花瓣短；鳞片宽楔形至近四方形，蓇葖略叉开。花期 4～5 月，果期 6～7 月。武功山草甸零星分布；海拔 300～1500m。用途：全草药用，有清热解毒、散瘀消肿、止血之效。

虎耳草科 Saxifragaceae

大落新妇
Astilbe grandis Stapf ex Wils.

多年生草本，高 0.4～1.2m。根状茎粗壮。茎通常不分枝，被褐色长柔毛和腺毛。2～3 回三出复叶至羽状复叶；小叶柄均多少被腺毛，叶腋近旁具长柔毛；小叶片边缘有重锯齿，腹面被糙伏腺毛，背面沿脉生短腺毛，有时亦杂有长柔毛。圆锥花序顶生，花序轴与花梗均被腺毛；萼片先端钝或微凹且具微腺毛、边缘膜质，两面无毛；花白色或紫色。幼果长约 0.5cm。花果期 6～9 月。武功山草甸零星分布；海拔 450～2000m。用途：根状茎入药，治筋骨酸痛等症。

茅膏菜科 Droseraceae

光萼茅膏菜
Drosera peltata var. *glabrata* Y. Z. Ruan

多年生草本，直立或攀缘状，高9～32cm，淡绿色，具紫红色汁液；基生叶密集成近一轮，或者最上几片着生于节间伸长的茎上，退化、脱落或最下数片不退化、宿存；退化基生叶为钻形；不退化基生叶为扁圆形；茎生叶盾状，互生，叶缘密具头状黏腺毛，背面无毛。螺状聚伞花序生于枝顶和茎顶，花序下部的苞片顶部具3～5腺齿或全缘，两面无毛或背面密黏腺毛；萼背无毛，稀基部具短腺毛；花萼长5～7裂，背面疏或密被长腺毛；花白色，蒴果。花果期6～9月。武功山草甸零星分布；海拔50～1600m。用途：全草入药。在《Flora of China》中已归并为：茅膏菜 *Drosera peltata* Smith。

石竹科 Caryophyllaceae

漆姑草
Sagina japonica (Sw.) Ohwi

一年生小草本，高5～20cm，上部被稀疏腺柔毛。茎丛生。叶片线形，长0.5～2cm，顶端急尖。花较小且单生枝端，被稀疏短柔毛；萼片卵状椭圆形，外面疏生短腺柔毛，边缘膜质；花瓣白色且稍短于萼片；雄蕊短于花瓣。蒴果卵圆形，微长于宿存萼，5瓣裂；种子细，圆肾形，微扁，褐色，表面具尖瘤状凸起。花期3～5月，果期5～6月。武功山草甸岩石缝中有分布；海拔600～1900m。用途：全草可供药用，有退热解毒之功效，鲜叶揉汁涂漆疮有效；嫩时可作猪饲料。

中国繁缕
Stellaria chinensis Regel

多年生草本，高30～100cm。茎细弱，具四棱。叶片长3～4cm，宽1～1.6cm，全缘且无毛，有时带粉绿色，下面中脉明显凸起；叶柄近无，被长柔毛。聚伞花序，花梗细长；萼片边缘膜质；花瓣白色，2深裂，与萼片近等长；雄蕊10枚，稍短于花瓣。蒴果卵萼形，比宿存萼稍长或等长，6齿裂；种子卵圆形，稍扁，褐色，具乳头状凸起。花期5～6月，果期7～8月。武功山草甸路边、岩石边等有分布；海拔160～2500m。用途：全草入药，有祛风利关节之功效；也可作饲料。

剪红纱花
Lychnis senno Sieb. et Zucc.

多年生草本，高50～100cm，全株被粗毛。根簇生，黄白色且稍肉质。茎单生，直立，叶片椭圆状披针形，长4～12cm，宽2～3cm，两面被柔毛，边缘具缘毛。二歧聚伞花序，苞片卵状披针形，被柔毛；花萼筒状，后期上部微膨大，沿脉被稀疏长柔毛，萼齿三角形，边缘具短缘毛；雌雄蕊柄无毛，长10～15mm；花深红色，瓣片轮廓三角状倒卵形，不规则深多裂，裂片具缺刻状钝齿。蒴果椭圆状卵形，微长于宿存萼；种子肾形，红褐色，具小瘤。花期7～8月，果期8～9月。武功山草甸沟谷有分布；海拔150～2000m。用途：全草或根入药，治跌打损伤、热淋、小便不利、感冒、风湿关节炎、腹泻等。

蓼科 Polygonaceae

尼泊尔蓼
Polygonum nepalense Meisn.

一年生草本。自基部多分枝，有时节部疏生腺毛，高 20～40cm。茎下部叶卵形或三角状卵形，长 3～5cm，宽 2～4cm，顶端急尖，基部宽楔形，沿叶柄下延成翅，无毛或疏被刺毛，疏生黄色透明腺点，托叶鞘筒状膜质，无缘毛，基部具刺毛。花序头状，基部常具 1 叶状总苞片，花序梗细长，上部具腺毛；花淡紫红色或白色。瘦果宽卵形，双凸镜状，黑色，密生洼点，无光泽，包于宿存花被内。花期 5～8 月，果期 7～10 月。武功山草甸普遍分布；海拔 200～4000m。用途：优等牧草。

赤胫散
Polygonum runcinatum var. *sinense* Hemsl.

多年生草本，具根状茎。茎高 30～60cm，具纵棱，节部通常具倒生伏毛。叶基部通常具 1 对裂片，两面无毛或疏生短糙伏毛，叶背无腺点；叶长 4～8cm，宽 2～4cm；托叶鞘膜质，筒状有柔毛，顶端具缘毛。多个小头状花序集成圆锥状；花序梗具腺毛；花淡红色或白色。瘦果卵形，具 3 棱，黑褐色，无光泽，包于宿存花被内。花期 4～8 月，果期 6～10 月。武功山草甸零星分布；海拔 800～3900m。用途：根状茎及全草入药，清热解毒、活血止血。

戟叶蓼
Potygonum thunbergii Sieb. et Zucc.

一年生草本。茎具纵棱且沿棱具倒生皮刺,节部生根,高30～90cm。叶戟形,长4～8cm,宽2～4cm,两面疏生刺毛,极少具稀疏的星状毛,边缘具短缘毛,叶柄具倒生皮刺,通常具狭翅;托叶鞘膜质,边缘具叶状翅,翅近全缘,具粗缘毛。花序头状,花序梗具腺毛及短柔毛;苞片披针形,具缘毛,花淡红色或白色。瘦果宽卵形,具3棱,黄褐色,无光泽,包于宿存花被内。花期7～9月,果期8～10月。武功山草甸零星分布;海拔90～2400m。用途:药用。

虎杖
Reynoutria japonica Houtt.

多年生草本。根状茎粗壮,直立,高1～2m,空心,具明显的纵棱和小突起,散生红色或紫红斑点。叶宽卵形且近革质,长5～12cm,宽4～9cm,全缘,沿叶脉和叶柄具小突起;托叶鞘膜质,褐色,具纵脉。花序圆锥状,腋生;苞片漏斗状,无缘毛,每苞内具2～4花;花被5深裂,淡绿色,柱头流苏状。瘦果卵形,具3棱,黑褐色,有光泽,包于宿存花被内。花期8～9月,果期9～10月。武功山草甸常见分布;海拔140～2000m。用途:根状茎供药用,有活血、散瘀、通经、镇咳等功效。

愉悦蓼
Polygonum jucundum Meisn.

一年生草本。茎直立,基部近平卧,多分枝,无毛,高60~90cm。叶长6~10cm,宽1.5~2.5cm,两面疏生硬伏毛或近无毛,全缘且具短缘毛;托叶鞘膜质,淡褐色,筒状,疏生硬伏毛,顶端截形,缘毛长0.5~1.0cm。总状花序呈穗状且排列紧密;苞片漏斗状,绿色,有缘毛;花梗明显长于苞片;花被5深裂,柱头头状。瘦果卵形,具3棱,黑色,有光泽,长约0.25cm,包于宿存花被内。花期8~9月,果期9~11月。武功山草甸沟谷有分布;海拔30~2000m。用途:观赏。

苋科 Amaranthaceae

土牛膝
Achyranthes aspera L.

多年生草本,高20~120cm。茎四棱形,有柔毛,节部稍膨大。叶片纸质,长1.5~7cm,宽0.4~4cm,全缘或波状缘,两面密生柔毛,或近无毛。穗状花序直立顶生,长10~30cm;总花梗具棱角且密生白色伏贴或开展柔毛;小苞片刺状,坚硬,常带紫色,基部两侧各有1个薄膜质翅,全部贴生在刺部,可分离;花被片长渐尖,花后变硬且锐尖,退化雄蕊具分枝流苏状长缘毛。种子卵形,呈棕色。花期6~8月,果期10月。武功山草甸局部有分布;海拔500~2000m。用途:根药用。

凤仙花科 Balsaminaceae

黄金凤
Impatiens siculifer Hook. f.

一年生草本，高30～60cm。茎细弱，叶互生，通常密集于茎或分枝的上部，卵状披针形或椭圆状披针形，长5～13cm，宽2.5～5cm，边缘有粗圆齿，齿间有小刚毛。总状花序生于上部叶腋；花黄色；侧生萼片2枚，窄矩圆形，先端突尖；旗瓣近圆形，背面中肋增厚成狭翅；翼瓣无柄，2裂，基部裂片近三角形，上部裂片条形；唇瓣狭漏斗状，先端有喙状短尖，基部延长成内弯或下弯的长距。蒴果棒状。武功山白鹤峰去安福方向水沟有分布；海拔800～2500m。用途：茎入药。

睫毛萼凤仙花
Impatiens blepharosepala Pritz. ex Diels

一年生草本，茎直立。叶互生，椭圆状披针形，长6～10cm，宽2～4cm，边缘有圆齿，齿端具尖头；叶基部楔形，有2枚球状腺体。总花梗腋生，花1～2朵；花梗中上部有1条形苞片；花紫色；侧生萼片2枚，卵形，先端突尖，边缘有睫毛；旗瓣近肾形，先端凹，背面中肋有狭翅；翼瓣无柄，2裂，基部裂片矩圆形，上部裂片较大；唇瓣宽漏斗状，基部有长3cm的距；花药钝。蒴果条形。武功山草甸沟谷有分布；海拔1400～1700m。用途：观赏。

柳叶菜科 Onagraceae

长籽柳叶菜
Epilobium pyrricholophum Franch. etl Savat.

多年生草本，自茎基部生出纤细的越冬匍匐枝条，其节上叶小，近圆形，边缘近全缘，先端钝形。茎高25～80cm。常多分枝，周围密被曲柔毛与腺毛。叶对生，长2～5cm，宽0.5～2cm，边缘每边具7～15枚锐锯齿，侧脉隆起，两面被曲柔毛，茎上部的还混生腺毛。花序直立，密被腺毛与曲柔毛；花蕾狭卵状，花管喉部有一环白色长毛；萼片被曲柔毛与腺毛；花瓣粉红色至紫红色，先端凹缺。蒴果被腺毛。花期7～9月，果期8～11月。武功山草甸局部有分布；海拔300～1800m。用途：观赏植物。

腺茎柳叶菜
Epilobium brevifolium subsp. *trichoneurum* (Hausskn.) Raven

多年生草本，茎无棱线，周围被腺毛与曲柔毛；叶狭卵形至披针形下面常变紫红色，脉上被较密的毛。叶对生，宽卵形或卵形，长2.5～4.5cm，宽1.5～2.2cm，边缘每边有15～22枚锐锯齿或不明显的浅锯齿。花直立，或开花时稍下垂；子房被曲柔毛，有时混生有腺毛；花管喉部有少数长毛；萼片披针状长圆形，龙骨状，被曲柔毛和腺毛；花瓣粉红色至玫瑰紫色，倒心形，先端的凹缺深。蒴果长5～7cm，被曲柔毛，有时混生有腺毛。花期7～9月，果期9～10月。武功山草甸下安福方向局部有分布；海拔600～2000m。用途：山地植被恢复。

谷蓼
Circaea erubescens Franch. et Sav.

植株高 10~120cm，全株无毛。叶披针形至卵形，稀阔卵形，长 2.5~10cm，宽 1~6cm。顶生总状花序不分枝或基部分枝；花梗与花序轴垂直，基部通常无刚毛状小苞片。萼片矩圆状椭圆形至披针形，红色至紫红色，先端渐尖，开花时反曲。花瓣粉红色，先端凹缺至花瓣长度的 1/10 至 1/5；花瓣裂片具细圆齿或具小的二级裂片；雄蕊短于花柱；蜜腺伸出于花管之外。花期 6~9 月，果期 7~9 月。武功山草甸零星分布；海拔 150~2000m。用途：全草入药。

小二仙草科 Haloragidaceae

小二仙草
Haloragis micrantha (Thunb.) R. Br. ex Sieb. et Zucc.

多年生陆生草本，高 5~45cm。茎直立或下部平卧，具纵槽，多分枝，略粗糙并带赤褐色。叶对生，长 0.6~1.7cm，宽 0.4~0.8cm，基部圆形，先端短尖或钝，边缘具稀疏锯齿，背面带紫褐色，具短柄；茎上部叶逐渐缩小而变为苞片。顶生圆锥花序，花极小，直径约 0.1cm，基部具 1 苞片与 2 小苞片；萼筒 4 深裂，宿存；花瓣 4 片，淡红色。坚果近球形，极小，有 8 纵钝棱。花期 4~8 月，果期 5~10 月。武功山草甸零星分布；海拔 200~1800m。用途：全草入药。在《Flora of China》中拉丁学名已修改为：*Gonocarpus micranthus* Thunberg。

葫芦科 Cucurbitaceae

中华栝楼
Trichosanthes rosthornii Harms

攀缘藤本；块根条状具横瘤状突起。茎具纵棱及槽，疏被短柔毛，有时具鳞片状白色斑点。叶片纸质，轮廓阔卵形至近圆形，3～7深裂，通常5深裂，几达基部，叶边缘具短尖头状细齿，或偶尔具1～2粗齿，叶上表面疏被短硬毛，背面无毛，密具颗粒状突起，掌状脉5～7条，细脉网状。卷须2～3歧。花序或单生，或为总状花序，或两者并生；花萼筒狭喇叭形，长2.5～3.5cm，被短柔毛；花冠白色，顶端具丝状长流苏；果实球形或椭圆形，光滑无毛，成熟时果皮及果瓤均橙黄色。种子卵状椭圆形，扁平，褐色，距边缘稍远处具一圈明显的棱线。花期6～8月，果期8～10月。武功山草甸零星分布；海拔400～1850m。用途：根和果实均作天花粉和栝楼入药。

野牡丹科 Melastomataceae

楮头红
Sarcopyramis nepalensis Wall.

直立草本，高10～30cm；茎四棱形，肉质。叶膜质，卵形，稀近披针形，基部楔微下延，长2～10cm，宽1～4.5cm，边缘具细锯齿，3～5基出脉，侧脉隆起，叶面被疏糙伏毛，背面被微柔毛或几无毛；叶柄具狭翅。聚伞花序，小花基部具2枚叶状苞片；花梗四棱形，棱上具狭翅；花萼裂片顶端平截，具流苏状长缘毛膜质的盘；花瓣粉红色，顶端平截，偏斜，另一侧具小尖头。蒴果杯形，具四棱；宿存萼及裂片与花时同。花期8～10月，果期9～12月。武功山草甸零星分布；海拔300～2000m。用途：全草入药。

肥肉草
Fordiophyton fordii (Oliv.) Krass.

草本，高 30～100cm；茎四棱形，常具槽，棱上常具狭翅。叶片通常在同一节上的 1 对叶，大小差别较大，边缘具细锯齿，齿尖具刺毛，基出脉 5～7 条，叶面无毛或基出脉行间具极疏的细糙伏毛，背面无毛且密布白色小腺点；叶柄肉质，具槽，边缘具狭翅，与叶片连接处多少具刺毛。由聚伞花序组成圆锥花序，总梗长 6～15cm，四棱形，密被腺毛，苞片被腺毛及白色小腺点，具腺毛状缘毛；花萼具四棱，被腺毛及白色小腺点；花瓣白色带红、淡红色、红色或紫红色。蒴果倒圆锥形，具四棱，最大处直径 0.4～0.5cm，宿存萼与果同形，檐部缢缩，具白色小腺点。花期 6～9 月，果期 8～11 月。武功山草甸零星分布；海拔 540～1700m。用途：观赏。在《Flora of China》中已归并为：异药花 *Fordiophyton faberi* Stapf。

朝天罐
Osbeckia opipara C. Y. Wu et C. Chen

灌木，高 0.3～1.2m；茎四棱形或稀六棱形，被糙伏毛。叶对生或有时 3 枚轮生，卵形至卵状披针形，长 5.5～11.5cm，宽 2.3～3cm，全缘，具缘毛，两面除被糙伏毛外，尚密被微柔毛及透明腺点，5 基出脉。稀疏的聚伞花序组成圆锥花序，长 7～22cm 或更长；花萼外面被多轮的刺毛状有柄星状毛和密被微柔毛；花瓣深红色至紫色，花药具长喙，药隔基部微膨大，末端具刺毛 2；子房顶端具 1 圈短刚毛，上半部被疏微柔毛。蒴果长卵形，为宿存萼所包，宿存萼长坛状，被刺毛状有柄星状毛。花果期 7～9 月。武功山草甸零星分布；海拔 200～1700m。用途：观赏。在《Flora of China》中已归并为：星毛金锦香 *Osbeckia stellata* Ham. ex D. Don: C. B. Clarke。

金丝桃科 Hypericaceae

挺茎遍地金
Hypericum elodeoides Choisy

多年生草本，高 0.2 ～ 0.4m，全体无毛。根茎具发达的侧根及须根。叶近无柄；叶片披针状长圆形，长 2 ～ 5.5cm，宽 0.5 ～ 1cm，先端钝形，基部浅心形而略抱茎，全缘，边缘疏生黑色腺点，全面散布多数透明松脂状腺点，侧脉脉网稀疏，下面明显可见。花序为多花蝎尾状二歧聚伞花序，苞片和萼片全面散布松脂状腺条，边缘有小刺齿，齿端有黑色腺体；花瓣倒卵状长圆形，上部边缘具黑色腺点，有时尚有黑腺条。蒴果卵珠形，成熟时褐色，外密布腺纹。种子圆柱形，一侧有不明显的棱状突起。花期 7 ～ 8 月，果期 9 ～ 10 月。武功山草甸局部有分布；海拔 750 ～ 3200m。用途：药用。

小连翘
Hypericum erectum Thunb. ex Murray

多年生草本，高 0.3 ～ 0.7m。茎单一，叶无柄，长 1.5 ～ 5cm，宽 0.8 ～ 1.3cm，先端钝，基部心形抱茎，边缘全缘，内卷，近边缘密生腺点，全面有或多或少的小黑腺点，侧脉每边约 5 条，下面凸起，脉网较密。伞房状聚伞花序，苞片和小苞片与叶同形，萼片卵状披针形，全缘，边缘及全面具黑腺点；花瓣黄色，上半部有黑色点线；雄蕊 3 束，宿存，花药具黑色腺点。蒴果卵珠形，具纵向条纹。种子圆柱形，两侧具龙骨状突起，表面有细蜂窝纹。花期 7 ～ 8 月，果期 8 ～ 9 月。武功山草甸零星分布；海拔 300 ～ 1800m。用途：药用。

绣球花科 Hydrangeaceae

草绣球
Cardiandra moellendorffii (Hance) Migo

落叶亚灌木，高 0.4～1m。茎单生且稍具纵条纹。叶通常单片、分散互生于茎上，长 6～13cm，宽 3～6cm，先端具短尖头，基部沿叶柄两侧下延成楔形，边缘有粗牙齿状锯齿，上面被短糙伏毛；侧脉 7～9 对，弯拱，小脉纤细，稀疏网状，下面明显。伞房状聚伞花序顶生；不育花萼片 2～3 枚，较小，近等大，阔卵形至近圆形，长 0.5～1.5cm，先端圆或略尖，基部近截平，膜质，白色或粉红色；孕性花萼筒杯状，花瓣淡红色或白色。蒴果近球形或卵球形。花期 7～8 月，果期 9～10 月。武功山草甸金顶路边有分布；海拔 700～1900m。用途：观赏；药用。

蔷薇科 Rosaceae

三叶委陵菜
Potentilla freyniana Bornm.

多年生草本，分枝多，簇生。花茎纤细，高 8～25cm，被平铺或开展疏柔毛。基生叶掌状 3 出复叶，连叶柄长 4～30cm，宽 1～4cm；小叶片长圆形、卵形或椭圆形，边缘有多数急尖锯齿，两面绿色，疏生平铺柔毛；茎生叶 1～2，基生叶托叶膜质，褐色，外面被稀疏长柔毛，茎生叶托叶草质，绿色，呈缺刻状锐裂，有稀疏长柔毛。伞房状聚伞花序顶生，花梗长 1～1.5cm，外被疏柔毛；花瓣淡黄色，长圆倒卵形，顶端微凹或圆钝。成熟瘦果卵球形，表面有显著脉纹。花果期 3～6 月。武功山草甸有分布；海拔 300～2100m。用途：全草入药。

蛇含委陵菜
Potentilla kleiniana Wight et Arn.

一年生或多年生宿根草本，匍匐茎，具疏柔毛。基生叶鸟足状 5 小叶，小叶几无柄，倒卵形，长 1.5～4cm，宽 1～2.2cm，顶端圆钝，基部楔形，叶缘具齿，叶被疏柔毛，下面沿脉密被长柔毛；上部茎生叶 3 小叶，形似基生叶。聚伞花序生茎顶（如假伞形），花梗长 1～1.5cm，具长柔毛；萼片三角形，副萼片披针形；花瓣黄色，倒卵形，顶端微凹；花柱基部膨大。瘦果近圆形。花果期 4～9 月。武功山草甸零星分布；海拔 300～1900m。用途：全草入药。

蛇莓
Duchesnea indica (Andr.) Focke

多年生草本；匍匐茎多数。小叶片倒卵形至菱状长圆形，长 2～5cm，宽 1～3cm，先端圆钝，边缘有钝锯齿，两面皆有柔毛；具小叶柄，叶柄长 1～5cm，有柔毛；托叶窄卵形至宽披针形。花单生于叶腋；花梗长 3～6cm，有柔毛；萼片卵形，副萼片倒卵形；花瓣倒卵形，黄色，先端圆钝；花托在果期膨大，鲜红色。瘦果卵形。花期 6～8 月，果期 8～10 月。武功山草甸沟谷有分布；海拔 100～1800m。用途：药用。

蝶形花科 Papilionaceae

野豇豆
Vigna vexillata (Linn.) Rich.

多年生攀缘或蔓生草本。根纺锤形，木质。茎被开展的棕色刚毛，老时渐变为无毛。羽状复叶具3小叶；托叶被缘毛；小叶膜质，形状变化较大，卵形至披针形，通常全缘，少数微具3裂片，两面被棕色或灰色柔毛。花序近伞形状；总花梗长5～20cm；花萼被棕色或白色刚毛，稀变无毛；旗瓣黄色、粉红或紫色，有时在基部内面具黄色或紫红斑点，顶端凹缺，翼瓣紫色，基部稍淡，龙骨瓣白色或淡紫，镰状，喙部左侧具明显的袋状附属物。荚果线状圆柱形且被刚毛；种子浅黄至黑色，偶有黑色溅点。花期7～9月。武功山草甸零星分布；海拔300～1800m。用途：全草或根入药。

狭叶菜豆（贼小豆）
Vigna minima (Roxb.) Ohwi et Ohashi

一年生缠绕草本。茎纤细。羽状复叶具3小叶；托叶披针形，盾状着生、被疏硬毛；小叶的形状和大小变化颇大，两面近无毛或被极稀疏的糙伏毛。总状花序；总花梗远长于叶柄，通常有花3～4朵；花萼钟状，具不等大的5齿，裂齿被硬缘毛；花冠黄色，旗瓣极外弯，近圆形；龙骨瓣具长而尖的耳。荚果圆柱形，长3.5～6.5cm，开裂后旋卷；种子4～8颗，长圆形，深灰色，种脐线形，凸起，长3mm。花、果期8～10月。武功山草甸零星分布；海拔200～1800m。用途：遗传资源。

荨麻科 Urticaceae

粗齿冷水花
Pilea sinofasciata C. J. Chen

草本。茎肉质，高 25～100cm。同对叶近等大，边缘在基部以上有粗大的牙齿或牙齿状锯齿；下部的叶常渐变小，有数枚粗钝齿，上面沿着中脉常有 2 条白斑带，疏生透明短毛，后渐脱落，钟乳体蠕虫形，不明显，常在下面围着细脉增大的结节点排成星状，基出脉 3 条，上部的 3～4 对明显增粗结成网状；叶柄常有短毛，有膜质托叶。花序聚伞圆锥状，具短梗；花被片 4 片，椭圆形，内凹，先端钝圆，其中二枚在外面近先端处有不明显的短角状突起，有时（尤其在花芽时）有较明显的短角。瘦果圆卵形，顶端歪斜，熟时外面常有细疣点，花被常宿存。花期 6～7 月，果期 8～10 月。武功山草甸零星分布；海拔 700～2500m。用途：全草入药。

细野麻
Boehmeria gracilis C. H. Wright

亚灌木或多年生草本，高 40～120cm；茎和分枝疏被短伏毛。叶对生，叶片圆卵形、菱状宽卵形或菱状卵形，边缘在基部之上有牙齿（牙齿每侧 8～13 个），两面疏被短伏毛。穗状花序单生叶腋，通常雌雄异株，有时雌雄同株，此时，茎上部的雌性，下部的雄性，或有时下部的含有雄的和雌的团伞花序，长 2.5～13cm，轴疏被短伏毛；瘦果卵球形，基部有短柄。花期 6～8 月。武功山草甸白鹤峰酒店旁边零星分布；海拔 150～1800m。用途：茎皮纤维坚韧，可作造纸、绳索、人造棉及纺织原料；全草可药用。在《Flora of China》中已归并为：小赤麻 *Boehmeria spicata*（Thunb.）Thunb.。

庐山楼梯草

Elatostema stewardii Merr.

多年生草本。茎高 24~40cm，不分枝，常具球形或卵球形珠芽。叶长 7~12.5cm，宽 2.8~4.5cm，边缘下部全缘，其上有牙齿，无毛或上面散生短硬毛，钟乳体明显且密，叶脉羽状。花序雌雄异株，单生叶腋；雄花序具短梗，顶端有长角状突起，其顶端有短突起；小苞片膜质，宽条形至狭条形，有疏睫毛；雌花序无梗；苞片密被短柔毛，较大的具角状突起；小苞片密集，边缘上部密被短柔毛。瘦果卵球形，纵肋不明显。花期 7~9 月。武功山草甸零星分布；海拔 500~1600m。用途：全草药用。

葡萄科 Vitaceae

角花乌蔹莓

Cayratia corniculata (Benth.) Gagnep.

草质藤本。小枝圆柱形，有纵棱纹。卷须 2 叉分枝，相隔 2 节间断与叶对生。叶为鸟足状 5 小叶，中央小叶长椭圆披针形，长 3.5~9cm，宽 1.5~3cm，侧生小叶卵状椭圆形，长 2~5cm，宽 1.5~2.5cm；侧脉 5~7 对，缘每侧有 5~7 个锯齿或细牙齿。花序为复二歧聚伞花序，腋生；花序梗长 3~3.5cm，花蕾卵圆形或长椭圆形；萼碟形，全缘或有三角状浅裂；花瓣 4 片，三角状卵圆形，顶端有小角，外展，疏被乳突状毛。果实近球形，直径 0.8~1cm。花期 4~5 月，果期 7~9 月。武功山草甸零星分布。用途：块茎入药。

芸香科 Rutaceae

臭节草
Boenninghausenia albiflora (Hook.) Reichb. ex Meisn.

常绿草本。分枝甚多，枝、叶灰绿色，稀紫红色，嫩枝的髓部大而空心，小枝多。叶薄纸质，小裂片倒卵形、菱形或椭圆形，长1～2.5cm，宽0.5～2cm，背面灰绿色，老叶常变褐红色。花序有花甚多，花枝纤细，基部有小叶；花瓣白色，有时顶部桃红色，长圆形或倒卵状长圆形，有透明油点；花丝白色，花药红褐色；子房绿色，基部有细柄。花果期7～11月。武功山草甸零星分布；海拔700～1800m。用途：全草入药；又作驱虫药；茎、叶含精油。

伞形科 Umbelliferae

南岭前胡
Peucedanum longshengense Shan et Sheh

多年生草本，高0.5～1m。根颈粗壮，径1.5～2cm，存留多数枯鞘纤维。茎圆柱形，髓部充实，有细条纹轻微突起，无毛或上部有极短毛。基生叶具长柄，叶柄长12～26cm，基部具卵状披针形的叶鞘；叶片或呈3裂，或呈二回三出分裂，顶端的3个裂片基部联合，常下延，下面一对羽片具柄，其余皆无柄，具钝锯齿或呈浅裂状，边缘稍厚，有短毛，上表面主脉上常有毛，下表面无毛；复伞形花序且分枝较多，花序梗上端密生粗毛；伞辐14～25条，内侧有白色短毛。果实长圆形，分生果背部扁压，背棱线形，尖锐突起，侧棱呈翅状，棱槽内有油管；胚乳腹面平直或微凹入。花期7～8月，果期8～9月。武功山草甸中零星分布；海拔800～2100m。用途：药用。

白花前胡
Peucedanum praeruptorum Dunn

多年生草本，高 0.6～1m。根颈粗壮，存留多数枯鞘纤维。基生叶具长柄，叶柄长 5～15cm，基部有卵状披针形叶鞘；叶片轮廓宽卵形或三角状卵形，二至三回三出式分裂，第一回羽片具柄，柄长 3.5～6cm，末回裂片菱状倒卵形，边缘具不整齐的 3～4 粗或圆锯齿，叶片三出分裂，中间一枚基部下延。复伞形花序多数，伞辐 6～15 条，不等长，内侧有短毛；小总苞片有短糙毛；花瓣卵形，小舌片内曲，白色。果实卵圆形，背部扁压，棕色，有稀疏短毛，背棱线形稍突起，侧棱呈翅状，比果体窄，稍厚；棱槽内油管，胚乳腹面平直。花期 8～9 月，果期 10～11 月。武功山草甸零星分布；海拔 250～2000m。用途：根供药用，为常用中药。

华中前胡
Peucedanum medicum Dunn

多年生草本，高 0.5～2m。根颈长，有明显环状叶痕，表皮灰棕色略带紫色；有不规则纵沟纹。茎圆柱形，多细条纹。叶具长柄，基部有宽阔叶鞘，长 14～40cm，宽 7～20cm，二至三回三出式分裂或二回羽状分裂，中间裂片卵状菱形，3 浅裂或深裂，边缘具粗大锯齿，齿端有小尖头，主脉上有短毛。伞形花序很大，直径 7～15cm，伞辐 15～30 条，不等长；伞辐及花柄均有短柔毛；花瓣白色。果实椭圆形，背部扁压，褐色或灰褐色，中棱和背棱线形突起，侧棱呈狭翅状，每棱槽内油管 3。花期 7～9 月，果期 10～11 月。武功山草甸零星分布；海拔 700～2000m。用途：药用。

紫花前胡（土当归）
Angelica decursiva (Miq.) Franch. et Sav.

多年生草本。根圆锥状，外表棕黄色至棕褐色，有强烈气味。茎高1～2m，直立，单一，中空，常为紫色，有纵沟纹。根生叶和茎生叶有长柄，柄长13～36cm，基部膨大成圆形的紫色叶鞘；叶片一回三全裂或一至二回羽状分裂；第一回裂片的小叶柄翅状延长，翅边缘有锯齿；主脉常带紫色，表面脉上有短糙毛；茎上部叶简化成囊状膨大的紫色叶鞘。复伞形花序，花序梗长3～8cm，有柔毛；伞辐10～22条；总苞片阔鞘状，宿存，反折，紫色；伞辐及花柄有毛；花深紫色，萼齿明显，花瓣顶端通常不内折成凹头状。果实长圆形至卵状圆形，背棱线形隆起，尖锐，侧棱有较厚的狭翅，棱槽内有油管1～3个，胚乳腹面稍凹入。花期8～9月，果期9～11月。武功山草甸零星分布；海拔：10～2000m。用途：根称前胡，入药；果实可提制芳香油，具辛辣香气；幼苗可作春季野菜。

防风
Saposhnikovia divaricata (Turcz.) Schischk.

多年生草本，高30～80cm。根粗壮，根头处被有纤维状叶残基及明显的环纹。茎单生，自基部分枝较多，有细棱，基生叶丛生，有扁长的叶柄，基部有宽叶鞘。叶片长14～35cm，宽6～18cm，二回或近于三回羽状分裂，茎生叶与基生叶相似，但较小，顶生叶简化，有宽叶鞘。复伞形花序，花序梗长2～5cm；伞辐5～7条，无总苞片，萼齿短三角形；花瓣白色，长先端微凹，具内折小舌片。双悬果狭圆形或椭圆形，幼时有疣状突起，成熟时渐平滑；每棱槽内通常有油管，胚乳腹面平坦。花期8～9月，果期9～10月。武功山草甸零星分布。用途：根供药用。

西南水芹
Oenanthe dielsii de Boiss.

多年生草本，高 50～80cm，全体无毛。有短根茎；茎下部节上生根，上部叉式分枝，开展。叶长 2～8cm，基部有较短叶鞘，2～4 回羽状分裂，末回羽片条裂成短而钝的线形小裂片。花序梗长 2～23cm，与叶对生；无总苞；伞辐 5～12 条，长 1～3cm；萼齿细小卵形；花瓣白色，倒卵形，顶端凹陷，有内折的小舌片。果实长圆形或近圆球形，背棱和中棱明显，侧棱较膨大，棱槽显著，分生果横剖面呈半圆形，每棱槽内油管 1 个。花期 6～8 月，果期 8～10 月。武功山草甸沟谷有分布；海拔 750～2000m。用途：幼苗可作蔬菜食用。在《Flora of China》中已归并为：线叶水芹 *Oenanthe linearis* Wall. ex DC.。

萝藦科 Asclepiadaceae

朱砂藤
Cynanchum officinale (Hemsl.) Tsiang et Zhang

草质藤本。主根圆柱状，单生或自顶部起 2 分叉；嫩茎具单列毛。叶对生，薄纸质，长 5～12cm，基部宽 3～7.5cm，基部耳形。聚伞花序腋生，长 3～8cm；花萼裂片外面具微毛，花萼内面基部具腺体 5 枚；花冠淡绿色或白色；副花冠肉质，深 5 裂，内面中部具 1 圆形的舌状片。蓇葖通常仅 1 枚发育，长达 11cm；种子长圆状卵形，顶端略呈截形；种毛白色绢质，长 2cm。花期 5～8 月，果期 7～10 月。武功山金顶草甸水沟处有分布；海拔 1300～2800m。用途：根入药。

茜草科 Rubiaceae

粗毛耳草
Hedyotis mellii Tutch.

直立粗壮草本，高30～90cm。茎和枝近方柱形，幼时被毛，老时光滑。叶对生，卵状披针形，长5～9cm，两面均被疏短毛；侧脉每边3～4条，明显；托叶阔三角形，被毛，顶端锥尖或3裂，两侧的裂片短，边全缘或具长疏齿，齿端具黑色腺点。花序为聚伞花序，排成圆锥花序状；花4数，与花梗均被干后呈黄褐色短硬毛；花冠管短，里面被绒毛，花冠裂片披针形，顶端外反；花丝下部被长柔毛；花柱长突出。蒴果椭圆形，疏被短硬毛，成熟时开裂为两个果爿，果爿腹部直裂；种子数粒，具棱，黑色。花期6～7月。武功山草甸零星分布；海拔500～1700m。用途：全草入药。

败酱科 Valerianaceae

少蕊败酱
Patrinia monandra C. B. Clarke

二年生或多年生草本，高达150～220cm。茎基部近木质，粗壮，被灰白色粗毛。单叶对生，长圆形，长4～14.5cm，宽2～9.5cm，不分裂或大头羽状深裂，边缘具粗圆齿或钝齿，两面疏被糙毛，有时夹生短腺毛。聚伞圆锥花序，常聚生于枝端成宽大的伞房状，花序梗密被长糙毛；花小，花梗基部贴生1卵形、倒卵形或近圆形的小苞片，花萼小，5齿状；花冠漏斗形，淡黄色，或同一花序中有淡黄色和白色花；雄蕊1或2～3枚，常1枚最长，伸出花冠外。瘦果卵圆形，无毛或疏被微糙毛；果苞薄膜质，先端常呈极浅3裂，具主脉2条，网脉细而明显。花期8～9月，果期9～10月。武功山草甸零星分布；海拔500～2000m。用途：全株入药。

菊科 Compositae

林荫千里光
Senecio nemorensis L.

多年生草本，根状茎短粗，具多数被绒毛的纤维状根。花序下不分枝，被疏柔毛或近无毛。基生叶和下部茎叶在花期凋落；中部茎叶多数，近无柄，长10~18cm，宽2.5~4cm，基部楔状渐狭或多少半抱茎，边缘具密锯齿，稀粗齿，羽状脉。头状花序具舌状花，多数，上部叶腋排成复伞房花序；花序上具线性小苞片；总苞近圆柱形，被褐色短柔毛，具外层苞片；短于总苞；舌状花8~10；舌片和管状花黄色，裂片上端具乳头状毛。瘦果圆柱形。花期6~12月。武功山草地沟谷分布；海拔770~3000m。用途：药用；观赏。

九华蒲儿根
Sinosenecio jiuhuashanicus C. Jeffrey et Y. L. Chen

具茎生叶矮小草本。根状茎短，颈部被白色绒毛。高13~15cm，茎被长柔毛及白色绒毛。基生叶莲座状，具长柄，长宽2~3.5cm，被贴生柔毛及薄棉毛状绒毛，5~7掌状脉；叶柄被密褐色长柔毛或蛛丝状绒毛，基部扩大。头状花序排列成顶生伞房花序，花序梗被密白色绒毛。总苞无外层苞片，红紫色，具缘毛，外面被白色蛛丝状绒毛，或脱毛。舌状花和管状花黄色；冠毛白色。花期4月。武功山草甸零星分布；海拔1200m。用途：观赏。

珠光香青
Anaphalis margaritacea (L.) Benth. et Hook. F.

根状茎木质，有具褐色鳞片的短匍枝。茎被灰白色棉毛；中部叶开展，线形或线状披针形，长5～9cm，宽0.3～1.2cm，基部稍狭或急狭，多少抱茎，上部叶渐小，有长尖头，上面被蛛丝状毛，下面被灰白色至红褐色厚棉毛。头状花序多数，在茎和枝端排列成复伞房状；总苞宽钟状或半球状，基部多少褐色，上部白色，被棉毛；花托蜂窝状；雌株头状花序外围有多层雌花，花冠长3～5mm；冠毛较花冠稍长。瘦果长椭圆形，有小腺点。花果期8～11月。武功山草甸普遍分布；海拔300～3400m。用途：观赏。

香青
Anaphalis sinica Hance

根状茎细或粗壮，木质，有细匍枝。茎直立，高20～50cm，被白色或灰白色棉毛，全部有密生的叶。中部叶长圆形，倒披针长圆形或线形，长2.5～9cm，宽0.2～1.5cm，全部叶上面被蛛丝状棉毛，或下面或两面被白色或黄白色厚棉毛，在棉毛下常杂有腺毛。头状花序，密集成复伞房状；总苞钟状或近倒圆锥状，浅褐色，被蛛丝状毛，内层舌状长圆形，乳白色或污白色；最内层较狭；雌株头状花序有多层雌花；雄株头状花托有缝状短毛；冠毛常较花冠稍长；有锯齿。瘦果被小腺点。武功山草甸普遍分布；海拔400～2000m。用途：观赏。

黄山蟹甲草
Parasenecio hwangshanicus (Ling) Y. L. Chen

多年生草本，高 25～50cm。根状茎粗壮，具多数束状被绒毛的须根。茎具沟棱，被疏蛛丝状毛，下部具枯萎的卵状鳞片。叶通集生于茎中部，宽圆肾形或宽卵圆状心形，长 6～12cm，宽 8～15cn，边缘具深波状细齿；基出 3 脉，沿脉较密的褐色糙短毛，下面被白色蛛丝状毛。头状花序排成圆锥花序；被蛛丝状毛和褐色短柔毛；总苞片黄褐色，被缝状细毛。花冠黄色；花柱分枝外弯，被笔状乳头状微毛。瘦果圆柱形，淡褐色，无毛而具肋。花期 7～8 月，果期 9 月。武功山草甸沟谷有分布；海拔 1500～1800m。用途：观赏。

三脉紫菀（宽伞变种）
Aster ageratoides var. *laticorymbus* (Vant.) Hand.-Mazz.

叶三出脉，长圆披针形或狭披针形，有锯齿，叶柄短或无叶柄；叶两面具疏毛；茎中部叶长圆披针形或卵圆披针形，基部渐狭，有 7～9 对锯齿，叶背面常无毛；枝上部叶小，卵圆形或披针形，全缘或有齿；总苞片较狭，上部绿色；舌状花常白色。武功山草甸零星分布；海拔 800～1700m。用途：观赏。

三脉紫菀（微糙变种）
Aster ageratoides var. *scaberulus* (Miq.) Ling.

多年生草本，根状茎粗壮。茎直立，高40～100cm，细或粗壮，有棱及沟，被柔毛或无毛。叶通常卵圆形或倒卵圆披针形，全缘或有浅齿，下部渐狭成具狭翅的叶柄，叶面密被微糙毛，下面疏被短柔毛；有些叶片具三出脉。总苞较大，径6～10mm，长5～7mm；总苞片上部绿色。舌状花白色或带红色。花果期7～12月。此变种多变异，有时叶卵圆形而较小；有时叶宽卵形而无明显的齿或具圆齿。武功山草甸零星分布；海拔100～3350m。用途：观赏。

白舌紫菀
Aster baccharoides (Benth.) Steetz.

木质草本或亚灌木。茎直立，高50～100cm，有棱。幼枝被多少卷曲的密短毛下部叶枯落后留有尖卵圆形的腋芽。叶长达10cm，宽达1.8cm，上部有疏齿；上面被短糙毛，下面被短毛或有腺点。头状花序排列成圆锥伞房状；苞叶极小，在梗端密集且渐转变为总苞片；总苞背面或上部被短密毛，有缘毛；舌状花白色，管状花有微毛，裂片长达2mm，冠毛白色。瘦果狭长圆形，稍扁，有时两面有肋，被密短毛。花期7～10月；果期8～11月。武功山草甸零星分布；海拔50～1200m。用途：观赏。

蓟
Cirsium japonicum Fisch. ex DC.

多年生草本，块根纺锤状。茎直立，全部茎枝有条棱，被多细胞长节毛，接头状花序下部灰白色，被毛。基生叶较大，长 8~20cm，宽 2.5~8cm，羽状深裂或几全裂，基部渐狭成翼柄，柄翼边缘有针刺及刺齿；宽狭变化极大，或宽达 3cm，或狭至 0.5cm，边缘有稀疏大小不等小锯齿或针刺或全缘；基部扩大半抱茎。头状花序；总苞钟状，向内层渐长，顶端有长 1~2mm 的针刺，全部苞片外面有微糙毛并沿中肋有黏腺；小花红色或紫色；冠毛浅褐色，多层，基部联合成环；冠毛刚毛长羽毛状。瘦果压扁。花果期 4~11 月。武功山草甸零星分布；海拔 400~2100m。用途：食用；药用；观赏。

鬼针草
Bidens pilosa L.

一年生草本，茎直立，高 30~100cm，钝四棱形。茎下部叶较小，3 裂或不分裂，中部叶三出，小叶 3 枚，很少为具 5~7 小叶，边缘有锯齿，顶生小叶较大。头状花序直径 8~9mm，有较长的花序梗。总苞基部被短柔毛，苞片外层托片披针形，干膜质，背面褐色，具黄色边缘，内层较狭，条状披针形。无舌状花，盘花筒状，长约 4.5mm，冠檐 5 齿裂。瘦果黑色，条形，略扁，具棱，长 7~13mm，宽约 1mm，上部具稀疏瘤状突起及刚毛，顶端芒刺 3~4 枚，长 1.5~2.5mm，具倒刺毛。武功山草甸零星分布；10~2000m。用途：为我国民间常用草药。

异叶黄鹌菜
Youngia heterophylla (Hemsl.) Babcock et Stebbins

一年生或二年生草本，高30～100cm。根有多数须根。茎直立，单生或簇生，上部伞房花序状分枝，茎枝有多细胞节毛。基生叶或椭圆形，顶端圆或钝，长达23cm，宽6～7cm，边缘全缘、几全缘或有锯齿，基部与羽轴宽融合或基部收窄成宽短的翼柄，叶柄及叶两面有稀疏的短柔毛；全部叶或仅基生叶下面紫红色，上面绿色。头状花序多数在茎枝顶端排成伞房花序；总苞片外层及最外层小，内面多少有短糙毛；舌状小花黄色，花冠管外面有稀疏的短柔毛。瘦果黑褐紫色，有粗细不等纵肋，肋上有小刺毛；冠毛白色。花果期4～10月。武功山草甸零星分布；海拔420～2250m。用途：药用。

野菊
Dendranthema indicum (L.) Des Moul.

多年生草本，高0.25～1m，有地下匍匐茎，茎枝被稀疏的毛。基生叶羽状半裂、浅裂或分裂不明显而边缘有浅锯齿；叶柄柄基无耳或有分裂的叶耳；叶有稀疏的短柔毛。头状花序直径1.5～2.5mm，多排列成伞房圆锥花序或伞房花序；总苞片约5枚，全部苞片边缘白色或褐色膜质；舌状花黄色，顶端全缘或2～3齿。瘦果长1.5～1.8mm。花期6～11月。武功山草甸零星分布；500～2000m。用途：药用。在《Flora of China》中拉丁学名已修改为：*Chrysanthemum indicum* L.

牡蒿
Artemisia japonica Thunb

多年生草本；常有块根；高 50～130cm，茎有纵棱，紫褐色或褐色，茎、枝初时被微柔毛，后渐稀疏或无毛。叶纸质，初时微有短柔毛，后无毛；基生叶长 4～7cm，宽 2～3cm，自叶上端斜向基部羽状深裂或半裂；中部叶浅裂或深裂，常有小型、线形的假托叶。头状花序多数，卵球形或近球形，基部具线形的小苞叶，通常排成穗状花序或总状花序；雌花花冠狭圆锥状，檐部具 2～3 裂齿，花柱伸出花冠外，先端 2 叉。瘦果小，倒卵形。花果期 7～10 月。武功山草甸沟谷有分布；海拔 500～3300m。用途：全草入药；又代"青蒿"（即黄花蒿）用，或作农药等；嫩叶作蔬菜，又作家畜饲料。

白苞蒿
Artemisia lactiflora Wall.

多年生草本。主根明显，侧根细而长。茎通常单生，直立，高 50～200cm，褐色，纵棱稍明显；茎、枝初时微有稀疏、白色的蛛丝状柔毛，后脱落无毛。基生叶二回或一至二回羽状全裂，具长叶柄；中部叶二回或一至二回羽状全裂，稀少深裂，中轴微有狭翅，叶柄长 2～5cm，两侧有时有小裂齿，基部具细小的假托叶。头状花序长圆形，无梗，基部无小苞叶，排成密穗状花序；总苞片 3～4 层，外层总苞片略短小，卵形，中、内层总苞片长圆形、椭圆形；雌花檐部具 2 裂齿，花柱细长，先端 2 叉；两性花花冠管状，花药椭圆形，先端附属物尖，花柱近与花冠等长，有睫毛。瘦果倒卵形或倒卵状长圆形。花果期 8～11 月。武功山白鹤峰附近有分布；海拔 2000m 以下。用途：含挥发油，成分有黄酮苷、酚类等物质；全草入药。

林泽兰
Eupatorium lindleyanum DC.

多年生草本，高 30~150cm。根茎短。茎直立，下部及中部红色或淡紫红色，基部径达 2cm；全部茎枝被稠密的白色柔毛。中部茎叶长 3~12cm，宽 0.5~3cm，不分裂或三全裂，质厚，两面粗糙，被白色粗毛及黄色腺点，沿脉的毛密；基出三脉，边缘有深或浅犬齿，几乎无柄。头状花序排列成伞房花序，花序枝及花梗紫红色或绿色，被白色密集的短柔毛；总苞钟状，覆瓦状排列，苞片绿色或紫红色；花白色、粉红色或淡紫红色，花冠长 4.5mm，外面散生黄色腺点。瘦果黑褐色，椭圆状，5 棱，散生黄色腺点；冠毛白色。花果期 5~12 月。武功山草甸沟谷有分布；海拔 200~2600m。用途：枝叶入药。

白头婆（泽兰）
Eupatorium japonicum Thunb.

多年生草本，高 50~200cm。根茎短。茎直立，下部或至中部或全部淡紫红色，基部径达 1.5cm，茎枝被白色皱波状短柔毛，花序分枝上的毛较密。叶对生，叶柄长 1~2cm，质地稍厚；中部茎叶长 6~20cm，宽 2~6.5cm，羽状脉，侧脉在下面突起；叶两面粗涩，被皱波状长或短柔毛及黄色腺点，下面、下面沿脉及叶柄上的毛较密，边缘有粗或重粗锯齿。头状花序排成伞房花序；全部苞片绿色或带紫红色，顶端钝；花白色或带红紫色或粉红色，外面有较稠密的黄色腺点。瘦果淡黑褐色，椭圆状，5 棱，被多数黄色腺点；冠毛白色。花果期 6~11 月。武功山草甸零星分布；海拔 120~3000m。用途：全草药用。

三角叶风毛菊
Saussurea deltoidea (DC.) Sch. -Bip.

二年生草本，高 0.4~2m。茎直立，被稠密的锈色毛及蛛丝状毛，有棱。中下部茎叶有叶柄，柄长 3~6cm，被锈色节毛，叶片羽状全裂，顶裂片大，长 20cm，宽达 15cm，基部宽戟形，边缘有锯齿，上部茎叶小，不分裂，有或无短柄；全部叶上面绿色，粗糙，被稀疏的短糙毛，下面灰白色，被稠密的绒毛。头状花序大，有长花梗，顶端常排列成圆锥花序。总苞被稀疏蛛丝状毛；总苞片边缘有细锯齿或流苏状锯齿。小花淡紫红色或白色，外面有淡黄色的小腺点。瘦果倒圆锥状，黑色，有横皱纹，有具锯齿的小冠。白色冠毛 1 层。花果期 5~11 月。武功山草甸红岩谷顶有分布；海拔 800~3400m。用途：药用。在《Flora of China》中已归并为：三角叶须弥菊 *Himalaiella deltoidea* (Candolle) Raab-Straube。

下田菊
Adenostemma lavenia (L.) O. Kuntze

一年生草本，高 30~100cm。茎直立，通常自上部叉状分枝，被白色短柔毛，中部茎叶较长 4~12cm，宽 2~5cm，叶柄有狭翼，边缘有圆锯齿，通常沿脉有较密的毛。头状花序小，通常排列成圆锥状花序；花序梗被灰白色或锈色短柔毛；总苞半球形，外层苞片大部合生，外面被白色稀疏长柔毛，基部的毛较密；花冠下部被黏质腺毛，上部扩大，有 5 齿，被柔毛。瘦果倒披针形，被腺点，熟时黑褐色。冠毛约 4 枚，基部结合成环状，顶端有棕黄色腺体分泌物。花果期：8~10 月。武功山草甸零星分布；海拔 460~2000m。用途：药用。

心叶帚菊
Pertya cordifolia Mattf.

亚灌木，高 1~1.8m。小枝圆柱形，常呈紫红色。叶互生，疏离，长 5~7cm，宽 3.5~6cm，基部心形或浅心形，有时近截平，边缘具波状齿或点状细齿，上面绿色，下面呈苍白色；通常为基出脉 3 条，网脉极明显；叶柄短而被长硬毛，基部外侧显著鼓凸，内侧深凹，凹陷处有密被银白色绢毛的腋芽。头状花序无梗或具短梗，通常聚集成团伞花序，花序柄密被短柔毛；总苞背部和边缘被毛，有多数纵条纹，花全部两性，花冠管狭圆筒形，裂片线形，外反，花柱基部膨大，顶部增粗，被短柔毛。瘦果近纺锤形，背部微凸，具 10 纵棱，密被白色粗毛。冠毛粗糙，干时淡褐色。花期 9~10 月。武功山草甸零星分布；海拔 800~1500m。用途：药用。

橐吾
Ligularia sibirica (L.) Cass.

多年生草本。根肉质，细而多。高 52~110cm，最上部及花序被白色蛛丝状毛和黄褐色有节短柔毛，下部光滑，茎下部叶具柄，基部鞘状，叶片长 3.5~20cm，宽 4.5~29cm，边缘具整齐的细齿，基部心形，弯缺长为叶片的 1/4 至 1/3，叶脉掌状；茎中部叶鞘膨大，最上部叶仅有叶鞘，鞘缘有时具齿；下部苞片可长达 3cm，向上渐小，头状花序多数，辐射状；小苞片狭披针形，全缘，光滑，近膜质；总苞片披针形或长圆形，有时紫红色。舌状花黄色，冠毛白色与花冠等长。瘦果长圆形，光滑。花果期 7~10 月。武功山草甸阴湿处有分布；海拔 373~2200m。用途：药用。

香丝草
Conyza bonariensis (L.) Cronq.

一年生或二年生草本，根纺锤状。高 20～50cm，茎常有斜上不育的侧枝，密被贴短毛，杂有开展的疏长毛。下部叶倒披针形或长圆状披针形，基部渐狭成长柄，通常具粗齿或羽状浅裂，上部叶全缘，两面均密被贴糙毛。头状花序，在茎端排列成总状或圆锥花序，总苞片 2～3 层，背面密被灰白色短糙毛，外层稍短或短于内层之半；花托稍平，有明显的蜂窝孔；雌花多层，白色，无舌片或顶端仅有 3～4 个细齿；两性花淡黄色。瘦果线状披针形，扁压，被疏短毛；冠毛 1 层，淡红褐色。花期 5～10 月。武功山草甸普遍分布；海拔 10～2000m。用途：全草入药。在《Flora of China》中拉丁学名已修改为：*Erigeron bonariensis* L.。

一枝黄花
Solidago decurrens Lour.

多年生草本，高 35～100cm。茎直立，通常细弱，单生或少数簇生。中部茎叶长 2～5cm，宽 1～2cm，下部楔形渐窄，有具翅的柄，仅中部以上边缘有细齿或全缘；向上叶渐小；全部叶质地较厚，叶两面、沿脉及叶缘有短柔毛或下面无毛。头状花序较小，排列成总状花序或伞房圆锥花序；总苞片 4～6 层，披针形或披狭针形；舌状花舌片椭圆形。瘦果长 3mm，无毛，极少在顶端被稀疏柔毛。花果期 4～11 月。武功山草地零星分布；海拔 500～2000m。用途：全草入药。

龙胆科 Gentianaceae

五岭龙胆
Gentiana davidii Franch.

多年生草本,高 5~15cm。须根略肉质。花枝紫色或黄绿色,中空,近圆形,下部光滑,上部多少具乳突。叶线状披针形或椭圆状披针形,边缘微外卷,有乳突,叶脉 1~3 条,在两面均明显;茎生叶多对,愈向茎上部叶愈大,柄愈短。花簇生枝端呈头状,无花梗;萼筒膜质,全缘不开裂,裂片绿色,不整齐,2 个大,3 个小,边缘有乳突,花冠蓝色,裂片全缘,褶偏斜,雄蕊着生于冠筒下部,整齐。蒴果内藏或外露,狭椭圆形或卵状椭圆形,长 1.5~1.7cm,两端渐狭,柄长至 2.5cm。花果期 8~11 月。武功山草甸局部有分布;海拔 350~2000m。用途:全草入药。

獐牙菜
Swertia bimaculata (Sieb. et Zucc.) Hook. f. et Thoms. ex C. B. Clarke

一年生草本,高 0.3~2m。根细,棕黄色。茎圆形而中空,基生叶在花期枯萎;茎生叶无柄或具短柄,叶片长 3.5~9cm,宽 1~4cm,叶脉在背面明显突起,最上部叶苞叶状。大型圆锥状复聚伞花序,花萼绿色,长为花冠的 1/4~1/2,裂片狭倒披针形或狭椭圆形,边缘具窄的白色膜质,常外卷;花冠黄色,上部具多数紫色小斑点,裂片具 2 个黄绿色、半圆形的大腺斑。蒴果无柄;种子褐色,圆形,表面具瘤状突起。花果期 6~11 月。武功山草甸零星分布;海拔 250~2000m。用途:全草入药。

双蝴蝶
Tripterospermum chinense (Migo) H. Smith

多年生缠绕草本。根黄褐色或深褐色。茎绿色或紫红色，近圆形具细条棱，上部螺旋扭转，节间长7～17cm。基生叶通常2对，着生于茎基部，密集呈双蝴蝶状，近无柄或具极短的叶柄，全缘，上面绿色，常有白色或黄绿色斑纹，下面淡绿色或紫红色。聚伞花序或单花腋生；花梗短，具1～3对小苞片或否；花萼钟形；花冠蓝紫色或淡紫色，褶色较淡或呈乳白色，钟形，柱头线形，2裂，反卷。花果期10～12月。武功山草甸零星分布；海拔300～1800m。用途：全草入药。

报春花科 Primulaceae

矮桃
Lysimachia clethroides Duby

多年生草本，全株被黄褐色卷曲柔毛。根淡红色。高40～100cm，茎基部带红色。叶互生，长椭圆形或阔披针形，长6～16cm，宽2～5cm，两面散生黑色粒状腺点，近无柄。总状花序顶生，花常转向一侧，花萼分裂近达基部，裂片周边膜质，有腺状缘毛；花冠白色；雄蕊内藏，花丝基部约1mm连合并贴生于花冠基部，被腺毛。蒴果近球形。花期5～7月；果期7～10月。武功山草甸普遍分布；海拔10～2600m。用途：全草入药；嫩叶可食或作饲料。

狼尾花
Lysimachia barystachys Bunge

多年生草本，全株密被卷曲柔毛。高 30～100cm。叶互生或近对生，长圆状披针形、倒披针形以至线形，长 4～10cm，宽 6～22cm，近于无柄。总状花序顶生，花密集，常转向一侧；花萼分裂近达基部，裂片略呈啮蚀状；花冠白色，裂片舌状狭长圆形，先端钝或微凹，常有暗紫色短腺条；雄蕊内藏，花丝基部连合并贴生于花冠基部，分离部分，具腺毛。蒴果球形。花期 5～8 月，果期 8～10 月。武功山草甸局部有分布；生于草甸、山坡路旁灌丛间；海拔 500～2000m。用途：云南民间用全草治疮疖、刀伤。

车前科 Plantaginaceae

车前
Plantago asiatica L.

二年生或多年生草本。叶基生呈莲座状；叶片长 4～12cm，宽 2.5～6.5cm，边缘波状、全缘或中部以下有锯齿、牙齿或裂齿，两面疏生短柔毛；脉 5～7 条；叶柄长且基部扩大成鞘。花序梗长 5～30cm，有纵条纹，疏生白色短柔毛；穗状花序细圆柱状，长 3～40cm，紧密或稀疏，下部常间断；苞片长过于宽，龙骨突宽厚，花冠白色，无毛，裂片于花后反折；雄蕊与花柱明显外伸。蒴果多为纺锤状卵形，于基部上方周裂。种子卵状椭圆形或椭圆形，具角，黑褐色，背腹面微隆起。花期 4～8 月，果期 6～9 月。武功山草甸普遍分布；海拔 100～3200m。用途：药用。

桔梗科 Campanulaceae

轮叶沙参
Adenophora tetraphylla (Thunb.) Fisch.

茎高大，可达1.5m，不分枝。茎生叶3~6枚轮生，无柄或有不明显叶柄，叶片卵圆形至条状披针形，边缘有锯齿，两面疏生短柔毛。花序狭圆锥状，花序分枝（聚伞花序）大多轮生，细长或很短，花冠筒状细钟形，口部稍缢缩，蓝色、蓝紫色，花盘细管状。蒴果球状圆锥形或卵圆状圆锥形。种子黄棕色，矩圆状圆锥形，稍扁，有一条棱，并由棱扩展成一条白带。花期7~9月。武功山草甸普遍分布；海拔10~2000m。用途：药用。

杏叶沙参
Adenophora hunanensis Nannf.

茎高60~120cm，不分枝，无毛或稍有白色短硬毛。茎生叶至少下部的具柄，很少近无柄，叶片基部常楔状渐尖，或近于平截形而突然变窄，沿叶柄下延，边缘具疏齿，两面或疏或密地被短硬毛或无毛。花序分枝长，常组成大而疏散的圆锥花序；花梗极短而粗壮，花萼常有或疏或密的白色短毛，有的无毛，裂片基部通常彼此重叠；花冠钟状，蓝色、紫色或蓝紫色，长1.5~2cm。蒴果球状椭圆形，或近于卵状。种子椭圆状，有一条棱。显著特点：至少茎下部的茎生叶有明显的叶柄，柄长可达2.5cm；花萼裂片较宽；花盘大多被毛。武功山草甸近安福路边有分布；生于海拔2000m以下的山坡草地和林缘草地。用途：药用；观赏。在《Flora of China》中拉丁学名已修改为：*Adenophora petiolata* subsp. *hunanensis* (Nannf.) D. Y. Hong et S. Ge。

玄参科 Scrophulariaceae

江南马先蒿（亨氏马先蒿）
Pedicularis henryi Maxim.

多年生草本；根肉质膨大呈纺锤形。茎从基部发出，中空，高达16~35cm，密被锈褐色污毛。叶互生，在基部叶中者较长，两面均被短毛，羽状全裂，缘有具白色胼胝之齿而常反卷。总状花序，上花梗纤细，密被短毛；萼长圆筒形，中间略膨大，前方深裂至一半或大半，基部细而全缘，端圆形膨大，有反卷之齿，有毛；花冠浅紫红色，前端狭缩为指向前下方的短喙，端2浅裂。蒴果。花期5~9月；果期8~11月。武功山草甸零星分布；海拔600~2000m。用途：观赏；全草入药。

苦苣苔科 Gesneriaceae

长瓣马铃苣苔
Oreocharis auricula (S. Moore) Clarke

多年生草本。叶全部基生，长2~8.5cm，宽1~5cm，基部圆形或稍心形，边缘具钝齿至近全缘，上面被贴伏短柔毛，下面被淡褐色绢状绵毛至近无毛，侧脉在下面隆起。聚伞花序分枝，花萼5裂至近基部，裂片相等，全缘，外面被绢状绵毛，内面近无毛；花冠细筒状，蓝紫色，外面被短柔毛；喉部缢缩，近基部稍膨大；檐部二唇形，上唇2裂，下唇3裂，花盘环状，近全缘。蒴果长约4.5cm。花期6~7月，果期8月。武功山草甸岩石壁上有分布；海拔400~2000m。用途：全草民间供药用。

细齿马铃苣苔
Oreocharis auricula var. *denticulata* K. Y. Pan

与长瓣马铃苣苔 *Oreocharis auricula*（S. Moore）Clarke 的主要区别是：叶边缘具规则的细牙齿，苞片小，线形，长 3mm，外面被短柔毛，萼片长圆形，长 2.5mm，顶端钝，外面微被柔毛。武功山草甸零星分布；海拔 600～2000m。用途：全草入药。

闽赣长蒴苣苔
Didymocarpus heucherifolius Hand.-Mazz.

多年生草本，具粗根状茎。叶基生；叶长 3～9cm，宽 3.5～11cm，顶端微尖，基部心形。花序 1～2 回分枝，苞片椭圆形或狭椭圆形，边缘有 1～2 齿，被长睫毛；花梗被短腺毛；花萼达基部；裂片边缘每侧有 1～3 个小齿，外面被短柔毛，内面无毛；花冠粉红色，外面被短柔毛，内面无毛；上唇 2 深裂，下唇 3 深裂；雄蕊的花丝具小腺体。蒴果线形或线状棒形，长 5.5～7cm，被短柔毛。种子狭椭圆形。花期 5 月。武功山草甸零星分布；海拔 500～1500m。用途：观赏；入药。

唇形科 Labiatae

夏枯草
Prunella vulgaris Linn.

多年生草木；根茎匍匐，节上生须根。茎高20～30cm，钝四棱形，紫红色，被稀疏的糙毛或近于无毛。茎叶卵状且基部下延至叶柄成狭翅。花序下方的一对苞叶似茎叶，近卵圆形，无柄或具不明显的短柄；轮伞花序密集组成穗状花序，每一轮伞花序下承以苞片；沿脉上疏生刚毛，内面无毛，边缘具睫毛，膜质，浅紫色；筒长4mm，二唇形，上唇先端具3个不很明显的短齿，下唇裂片达唇片之半或以下；花冠紫、蓝紫或红紫色。花期4～6月，果期7～10月。武功山草甸零星分布；海拔200～2000m。用途：全株入药。

薄荷
Mentha haplocalyx Briq.

多年生草本。茎直立，高30～60cm，茎四棱形，具四槽，被倒向微柔毛。叶片披针形或卵状披针形，长3～7cm，宽0.8～3cm，边缘在基部以上疏生粗大的牙齿状锯齿，侧脉5～6对，与中肋在上面微凹陷下面显著，上面绿色；沿脉上密生余部疏生微柔毛。轮伞花序腋生，轮廓球形，花萼管状钟形，外被微柔毛及腺点，内面无毛；花冠淡紫；雄蕊4伸出于花冠之外，花盘平顶。小坚果卵珠形，黄褐色，具小腺窝。花期7～9月，果期10月。武功山草甸零星分布；海拔500～2000m。幼嫩茎尖可作菜食，全草可入药。在《Flora of China》中拉丁学名已修改为：*Mentha canadensis* L.

细风轮菜
Clinopodium gracile (Benth.) Matsum.

纤细草本。茎自匍匐茎生出，高8～30cm，茎四棱形，具槽，被倒向的短柔毛。上部叶长约1cm，宽0.8～0.9cm，较下部较大，边缘具疏牙齿或圆齿状锯齿，薄纸质，上面榄绿色，近无毛，下面较淡，脉上被疏短硬毛，侧脉2～3对，与中肋两面微隆起但下面明显呈白绿色，叶柄基部常染紫红色，密被短柔毛。轮伞花序分离，或密集于茎端成短总状花序，疏花；苞片针状，远较花梗为短；花梗长约1～3mm，被微柔毛；花上唇3齿，下唇2齿，齿均被睫毛；花冠白至紫红色，先端微缺。花期6～8月，果期8～10月。武功山草甸普遍分布；海拔300～2000m。用途：全草入药。

风轮菜
Clinopodium chinense (Benth.) O. Ktze.

多年生草本。茎基部匍匐生根，茎四棱形且具细条纹，密被短柔毛及腺微柔毛。叶卵圆形，不偏斜，长2～4cm，宽1.3～2.6cm，边缘具大小均匀的圆齿状锯齿，纸质，上面榄绿色，密被平伏短硬毛，下面灰白色，被疏柔毛，脉上尤密，网脉在下面清晰可见。轮伞花序多花密集，半球状，苞叶叶状，向上渐小至苞片状，苞片针状，极细，被柔毛状缘毛及微柔毛；花萼狭管状，常染紫红色，上唇3齿，齿近外反，先端具硬尖，下唇2齿，齿稍长，直伸；花冠紫红色，外面被微柔毛，内面在下唇下方喉部具二列毛茸。花期5～8月，果期8～10月。武功山草甸普遍分布；海拔200～1500m。用途：全草入药。

贵州鼠尾草
Salvia cavaleriei Levl.

一年生草本。主根粗短，高 12～32cm，细瘦，四棱形，青紫色，下部无毛，上部略被微柔毛。叶形状不一，下部的叶为羽状复叶，较大，顶生小叶长卵圆形或披针形，上面绿色，被微柔毛或无毛，下面紫色，无毛，上部叶为单叶，或裂为 3 裂片。轮伞花序组成顶生总状花序，苞片披针形，带紫色，近无毛；花萼筒状，外面无毛，内面上部被微硬伏毛；二唇形，唇裂至花萼长 1/4，上唇半圆状三角形，下唇比上唇长，半裂成 2 齿；花冠蓝紫或紫色，外被微柔毛，内面在冠筒中部有疏柔毛毛环，能育雄蕊 2 枚，伸出花冠上唇之外。小坚果长椭圆形，黑色。花期 7～9 月。武功山草甸白鹤峰酒店旁边零星分布；海拔 530～1500m。用途：全草入药。

光柄筒冠花
Siphocranion nudipes (Hemsl.) Kudo

多年生草本。根茎纤细，匍匐，其上密生须根。茎直立，连花序高 30～50cm，中部以下无叶，钝四棱形，具槽。叶少数，在茎中部以上聚集，披针形，长 6～15cm，宽 3～7cm，先端锐尖及长渐尖，基部楔形下延至叶柄，边缘有细锐锯齿；叶柄短，长 1～2cm。总状花序通常单一生于茎顶，疏花，长 6～25cm；苞片细小，披针形至钻形；花梗长约 3mm，被腺微柔毛；花萼阔钟形，外被腺微柔毛，内面无毛，萼齿 5，果时极增大，长约 8mm，筒长 3mm，明显呈二唇形，上唇 3 齿，下唇 2 齿；花冠筒部白色上部紫红色，筒状，狭而直，长 1.2～1.5cm，外面被微柔毛，内面无毛，冠檐浅 5 裂呈二唇形；雄蕊 4 枚，内藏，插生于冠筒中部稍上方，花丝丝状，无毛，花药椭圆形，2 室，室汇合；花柱短于雄蕊，先端 2 浅裂；子房无毛。小坚果长圆形，褐色，具点，基部有一小白痕。花期 7～9 月，果期 10～11 月。武功山草甸零星分布；海拔 1000～2150m。用途：全草入药。

鸭跖草科 Commelinaceae

鸭跖草
Commelina communis L.

一年生草本。茎匍匐状。节上生根，被毛。叶披针形至卵状披针形，长3~9cm，宽1.5~2cm。总苞片佛焰苞状，具1.5~4cm的柄，与叶对生，折叠状，展开后为心形，顶端短急尖，基部心形，长1.2~2.5cm，边缘常有硬毛；聚伞花序，下面一枝仅1花，具长0.8cm的梗，不孕；上面一枝花3~4朵，具短梗，几乎不伸出佛焰苞；萼片3枚，内面2枚常靠近或合生；花瓣深蓝色，内面2枚具爪，长近1cm。蒴果椭圆形。花期3~7月。武功山草甸零星分布；海拔200~2000m。用途：全草药用。

节节草
Commelina diffusa Burm. f.

一年生披散草本。茎匍匐。节上生根，无毛或有一列短硬毛。叶披针形或在分枝下部的为长圆形，长3~12cm，宽0.8~3cm；叶鞘上常有红色小斑点，仅口沿及一侧有刚毛，或全面被刚毛。蝎尾状聚伞花序；总苞片具柄，折叠状，花序自基部开始2叉分枝；一枝不育；另一枝其上有花3~5朵，可育，藏于总苞片内；苞片极小，几乎不可见；萼片椭圆形，浅舟状，宿存；花瓣蓝色。蒴果矩圆状三棱形。花果期5~11月。武功山草甸零星分布；海拔2000m以下。用途：药用，能消热、散毒。

百合科 Liliaceae

油点草
Tricyrtis macropoda Miq.

植株高可达 1m。茎上被糙毛。叶卵状椭圆形、矩圆形至矩圆状披针形，两面疏生短糙伏毛，基部心形抱茎或圆形而近无柄，边缘具短糙毛。二歧聚伞花序，花序轴和花梗生有淡褐色短糙毛，并间生有细腺毛；花被片绿白色或白色，内面具多数紫红色斑点，开放后自中下部向下反折；在基部向下延伸而呈囊状；花丝中上部向外弯垂，具紫色斑点；柱头3裂，密生腺毛。蒴果直立，长2～3cm。花果期6～10月。武功山普遍分布；海拔800～2400m。用途：观赏；药用。

牯岭藜芦
Veratrum schindleri Loes. f.

植株高约 1m，基部具棕褐色带网眼的纤维网。叶在茎下部的宽椭圆形，有时狭矩圆形，两面无毛。圆锥花序长而扩展，具多数近等长的侧生总状花序；总轴和枝轴生灰白色绵状毛；花被片伸展或反折，淡黄绿色、绿白色或褐色，外花被片背面至少在基部被毛；小苞片短于或近等长于花梗，背面生绵状毛。果直立，长1～2cm，宽约1cm。花果期6～10月。武功山草甸普遍分布；海拔800～2400m。用途：观赏。

紫萼
Hosta ventricosa (Salisb.) Stearn

根状茎粗0.3~1cm。叶卵状心形、卵形至卵圆形，长8~19cm，宽4~1cm，先端通常近短尾状或骤尖，基部心形或近截形。花葶高60~100cm，具10~30朵花；苞片矩圆状披针形，长1~2cm，白色，膜质；花单生，长4~5.8cm，盛开时从花被管向上骤然作近漏斗状扩大，紫红色；雄蕊伸出花被之外，完全离生。蒴果圆柱状，有三棱，长2.5~4.5cm，直径6~7mm。花期6~7月，果期7~9月。武功山草甸零星分布；海拔500~2400m。用途：观赏；药用。

麦冬
Ophiopogon japonicus (L. f.) Ker-Gawl.

根较粗，中间或近末端常膨大成椭圆形小块根；淡褐黄色；地下走茎细长，节上具膜质的鞘。叶基生成丛，禾叶状，长10~50cm，边缘具细锯齿。花葶长6~27cm，通常比叶短得多，总状花序；花单生或成对着生于苞片腋内；花被片常稍下垂而不展开，披针形，白色或淡紫色；种子球形。花期5~8月，果期8~9月。武功山草甸沟谷有分布；海拔10~2000m。用途：小块根是中药麦冬。

野百合
Lilium brownii F. E. Brown ex Miellez

鳞茎球形；鳞片披针形，无节，白色。茎高 0.7～2m，有的有紫色条纹，有的下部有小乳头状突起。叶散生，通常自下向上渐小，披针形、窄披针形至条形。花单生或几朵排成近伞形；花喇叭形，有香气，乳白色，外面稍带紫色，无斑点，向外张开或先端外弯而不卷；外轮花被片宽 2～4.3cm，先端尖；内轮花被片宽 3.4～5cm，蜜腺两边具小乳头状突起；柱头 3 裂。蒴果矩圆形，有棱，具多数种子。花期 5～6 月，果期 9～10 月。武功山草甸零星分布；海拔 600～2150m。用途：鳞茎含丰富淀粉，可食，亦作药用。

萱草
Hemerocallis fulva (L.) L.

根近肉质，中下部有纺锤状膨大。叶一般较宽。花早上开晚上凋谢，无香味，橘黄色，内花被裂片下部一般有"∧"形彩斑，宽 2～3cm；花被管较粗短，长 2～3cm。花果期 5～7 月。武功山各地有分布；海拔 10～2000m。用途：用于湿地植被重建、水质净化，亦作观赏。

天南星科 Araceae

魔芋
Amorphophallus rivieri Durieu

草本。块茎扁球形，暗红褐色。叶柄长 45～150cm，基部粗 3～5cm，黄绿色，光滑，有绿褐色或白色斑块；基部膜质鳞叶 2～3。叶片绿色，3 裂，大小不等，侧脉多数，纤细，平行，近边缘联结为集合脉。花序柄长 50～70cm，粗 1.5～2cm，色泽同叶柄；佛焰苞漏斗形，长 20～30cm，基部席卷，管部苍绿色，杂以暗绿色斑块，边缘紫红色；檐部边缘折波状，外面变绿色，内面深紫色；肉穗花序比佛焰苞长 1 倍，附属器伸长的圆锥形，中空。花期 4～6 月，果 8～9 月成熟。武功山草甸零星分布；海拔 100～2000m。用途：块茎可加工成魔芋豆腐；块茎入药。在《Flora of China》中已修改为：花魔芋 *Amorphophallus konjac* K. Koch。

一把伞南星
Arisaema erubescens (Wall.) Schott

多年生草本。块茎扁球形，表皮黄色，有时淡红紫色。鳞叶绿白色、粉红色，有紫褐色斑纹。叶 1，极稀 2，中部以下具鞘，鞘部粉绿色，上部绿色，有时具褐色斑块；叶片放射状分裂，裂片无定数；无柄。佛焰苞绿色，背面有清晰的白色条纹，或淡紫色至深紫色而无条纹，管部圆筒形，喉部边缘截形或稍外卷；檐部通常颜色较深。肉穗花序，各附属器棒状、圆柱形，中部稍膨大或否，直立，长 2～4.5cm；雄花序的附属器下部光滑或有少数中性花。浆果红色。花期 5～7 月，果 9 月成熟。武功山草甸零星分布；海拔 2000m 以下。用途：块茎入药。

灯台莲

Arisaema sikokianum var. *serratum* (Makino) Hand.-Mazt.

草本。块茎扁球形。鳞叶2,膜质。叶2,叶柄长20~30cm,下面1/2鞘筒状,鞘筒上缘几截平;叶片鸟足状5裂,叶裂片边缘具不规则的粗锯齿至细的啮状锯齿。花序柄略短于叶柄或几与叶柄等长。佛焰苞淡绿色至暗紫色,具淡紫色条纹,管部漏斗状,喉部边缘近截形,无耳。肉穗花序单性,雄花序圆柱形,长2~3cm。果序长5~6cm,圆锥状,下部粗3cm,浆果黄色。花期5月,果8~9月成熟。武功山草甸零星分布;海拔650~1500m。用途:块茎入药。在《Flora of China》中拉丁学名已修改为:*Arisaema bockii* Engler。

天南星

Arisaema heterophyllum Blume

草本。块茎扁球形,顶部扁平,周围生根,常有若干侧生芽眼。鳞芽4~5个,膜质。叶常单1,叶柄圆柱形,粉绿色,长30~50cm,下部3/4鞘筒状;叶片鸟足状分裂,裂片13~19枚,暗绿色,中裂片长3~15cm,比侧裂片几短1/2。佛焰苞管部圆柱形,粉绿色,内面绿白色,喉部截形,外缘稍外卷;檐部下弯几成盔状,背面深绿色、淡绿色至淡黄色。肉穗花序两性和雄花序单性,各种花序附属器基苍白色,向上细狭,长10~20cm。浆果黄红色、红色,内有棒头状种子1颗,种子黄色,具红色斑点。花期4~5月,果期7~9月。武功山草甸零星分布;海拔2000m以下。用途:块茎含淀粉,可制酒精、糊料,但有毒,不可食用。

石菖蒲
Acorus tatarinowii Schott

多年生草本。根茎芳香，粗 0.5cm，节间长约 0.3cm，根肉质，具多数须根，根茎上部分枝甚密，植株因而成丛生状，分枝常被纤维状宿存叶基。叶无柄，叶片薄，基部两侧膜质叶鞘宽可达 0.5cm，上延几达叶片中部，渐狭，脱落；叶片暗绿色，线形，长 20～30cm，基部对折，中部以上平展，宽 0.7～1.3cm，先端渐狭，无中肋，平行脉多数，稍隆起。花序柄腋生，长 4～15cm，三棱形。叶状佛焰苞长 13～25cm，为肉穗花序长的 2～5 倍或更长；肉穗花序圆柱状，长 2.5～8.5cm；花白色。成熟果序长 7～8cm，直径可达 1cm；幼果绿色，成熟时黄绿色或黄白色。花果期 2～6 月。武功山草甸零星分布；海拔 2600m 以下。用途：用于湿地植被恢复、水质净化，根茎药用。在《Flora of China》中已归并为金钱蒲 *Acorus gramineus* Soland.

鸢尾科 Iridaceae

射干
Belamcanda chinensis (L.) DC.

多年生草本。根状茎为不规则的块状，黄色或黄褐色。茎高 1～1.5m，实心。叶互生，嵌迭状排列，剑形，长 20～60cm，宽 2～4cm，基部鞘状抱茎，顶端渐尖，无中脉。花序顶生，叉状分枝，花梗及花序的分枝处均包有膜质的苞片；花橙红色，散生紫褐色的斑点，花柱上部稍扁，顶端 3 裂，裂片边缘略向外卷，有细而短的毛。蒴果倒卵形或长椭圆形，直径 1.5～2.5cm，顶端无喙，常残存有凋萎的花被，成熟时室背开裂，果瓣外翻，中央有直立的果轴。花期 6～8 月，果期 7～9 月。武功山草甸零星分布；海拔 800～2000m。用途：根状茎药用。

薯蓣科 Dioscoreaceae

日本薯蓣
Dioscorea japonica Thunb.

缠绕草质藤本。块茎长圆柱形，外皮棕黄色，干时皱缩，断面白色，或有时带黄白色。茎绿色，有时带淡紫红色，右旋。单叶，在茎下部的互生，中部以上的对生；叶片纸质，变异大，基部心形至箭形或戟形，有时近截形或圆形，全缘，两面无毛；叶腋内有各种大小形状不等的珠芽。花序为穗状花序，绿白色或淡黄色，花被片有紫色斑纹。蒴果不反折，三棱状扁圆形或三棱状圆形，长1.5～2.5cm，宽1.5～4cm。种子着生于每室中轴中部，四周有膜质翅。花期5～10月，果期7～11月。武功山草甸零星分布；海拔200～1800m。用途：块茎入药；也供食用。

兰科 Orchidaceae

独蒜兰
Pleione bulbocodioides (Franch.) Rolfe

半附生草本。假鳞茎卵形，全长1～2.5cm，直径1～2cm，顶端具1枚叶。叶长10～25cm，宽2～5.8cm，基部柄状；叶柄长2～6.5cm。花葶由无叶假鳞茎基部发出，直立，长7～20cm，下半部包于膜质鞘内，顶端具1～2花；花粉红色至淡紫色，唇瓣上有深色斑。花期4～6月。武功山草甸零星分布，海拔800m以上。用途：全株入药；园林观赏。

狭穗阔蕊兰
Peristylus densus (Lindl.) Santap. et Kapad.

地生草本，植株高 11～65cm，干后变为黑色。块茎卵状，长 1.5～2cm，直径 1cm，茎基部具 2～3 枚鞘和 4～6 枚叶，在叶上常具有苞片状小叶；叶长 2.5～9cm，宽 0.6～2cm，基部成抱茎的鞘。总状花序，直立，带绿黄色或白色；唇瓣约与萼片等大且肉质，3 裂，在侧裂片基部后方具 1 隆起的横脊并将唇瓣分成上唇和下唇两部分，上唇从隆起的脊处向后反曲；基部具距；距细，圆筒状棒形；蕊柱粗短；蕊喙较大，具短的臂；柱头 2 个，棒状；退化雄蕊 2 个，长圆形，顶部稍膨大。花期 5～9 月。武功山草甸区红岩谷方向路边零星分布；海拔 300～2000m。用途：全草入药。

钩距虾脊兰
Calanthe graciliflora Hayata

根状茎不明显。假鳞茎短，近卵球形，直径约 2cm，具 3～4 枚鞘和 3～4 枚叶。叶椭圆状披针形，长约 33cm，宽 5.5～10cm，基部收狭为长达 10cm 的柄。花葶长达 70cm，密被短毛；总状花序，长约 32cm，花序柄常具 1 枚鳞片状的鞘；花梗白色，密被短毛；萼片和花瓣在背面褐色，内面淡黄色；唇瓣浅白色，3 裂；侧裂片基部约 1/3 与蕊柱翅的外侧边缘合生，先端圆钝或斜截形；中裂片近方形或倒卵形，先端扩大，近截形并微凹，在凹处具短尖；唇盘上具 4 个褐色斑点和 3 条平行的龙骨状脊；龙骨状脊肉质，其末端呈三角形隆起；距圆筒形，常钩曲，末端变狭。花期 3～5 月。武功山草甸中零星分布；海拔 600～1800m。用途：观赏；药用。

斑叶兰
Goodyera schlechtendaliana Rchb. f.

植株高15～35cm。根状茎匍匐，具节。茎直立，具4～6枚叶。叶长3～8cm，宽0.8～2.5cm，上面绿色，具白色不规则的点状斑纹，背面淡绿色，叶柄基部扩大成抱茎的鞘。花葶直立，长10～28cm，被长柔毛，具3～5枚鞘状苞片；总状花序偏向一侧；花苞片披针形，背面被短柔毛；子房被长柔毛；花较小，白色或带粉红色；萼片背面被柔毛，具1脉，中间的萼片狭椭圆状披针形，舟状，先端急尖，与花瓣黏合呈兜状；花瓣菱状倒披针形，无毛。花期8～10月。武功山草甸零星分布；海拔500～2000m。用途：全草入药。

灯芯草科 Juncaceae

野灯心草
Juncus setchuensis Buchen.

多年生草本，高25～65cm；根状茎短而横走，具黄褐色粗壮须根。茎丛生，有较深而明显的纵沟。叶全为低出叶，呈鞘状或鳞片状，包围在茎的基部，长1～9.5cm，退化为刺芒状。聚伞花序假侧生；总苞片生于顶端，尖锐；小苞片三角状卵形，膜质；花淡绿色，花被片卵状披针形，边缘宽膜质，内轮与外轮者等长；雄蕊3枚。蒴果通常卵形，成熟时黄褐色至棕褐色。花期5～7月，果期6～9月。武功山草甸零星分布；海拔800～1700m。用途：药用。

灯心草
Juncus effusus Linn.

多年生草本，高27～91cm。根状茎粗壮横走，具黄褐色粗壮须根。茎丛生，具纵条纹，茎内充满白色的髓心。叶全为低出叶，呈鞘状或鳞片状，包围在茎的基部，长1～22cm，退化为刺芒状。聚伞花序假侧生；总苞片生于顶端，尖锐；小苞片卵圆形，膜质；花淡绿色；花被片线状披针形，边缘膜质，外轮者稍长于内轮；雄蕊3枚（偶有6枚）。蒴果长圆形，黄褐色。花期4～7月，果期6～9月。武功山草甸局部沼泽地有分布；海拔1650～3400m。用途：茎内白色髓心除供点灯和烛心用外，入药。

翅茎灯心草
Juncus alatus Franch. et Savat.

多年生草本，高11～48cm。根状茎短而横走，具淡褐色细弱须根。茎丛生，扁平，两侧有狭翅，宽0.2～0.4cm，具不明显的横隔。叶基生或茎生，叶片扁平，长5～16cm，宽0.3～0.4cm，顶端尖锐；叶鞘两侧压扁，边缘膜质。花序多个头状花序排列成聚伞状，具长短不等的花序梗；头状花序扁平，有3～7朵花，具宽卵形的膜质苞片；花被片披针形，顶端渐尖，边缘膜质，外轮者背脊明显，内轮者稍长；雄蕊6枚。蒴果三棱状圆柱形，顶端具短钝的突尖，淡黄褐色。种子椭圆形，黄褐色，具纵条纹。花期4～7月，果期5～10月。武功山草甸沟谷有分布；海拔400～2300m。用途：药用。

莎草科 Cyperaceae

十字薹草
Carex cruciata Wahlenb.

根状茎粗壮，木质，具匍匐枝，须根甚密。高40~90cm，三棱形。叶基生和秆生，扁平，下面粗糙，上面光滑，边缘具短刺毛，基部具暗褐色、分裂成纤维状的宿存叶鞘。圆锥花序复出，支花序轴锐三棱形，密生短粗毛；枝先出叶囊状、内无花，背面有数脉，被短粗毛；雌花鳞片卵形，具短芒，膜质，淡褐色，密生褐色斑点和短线，具3条脉。果囊长于鳞片，肿胀三棱形，淡褐白色，具棕褐色斑点和短线，有数条隆起的脉，上部渐狭成中等长的喙，喙长及果囊的1/3；小坚果卵状椭圆形，三棱形。花果期5~11月。武功山草甸零星分布；海拔330~2500m。用途：观赏。

蕨状薹草
Carex filicina Nees

根状茎粗壮，木质。秆密丛生，高40~90cm，锐三棱形。叶边缘密生短刺毛，基部具紫红色或紫褐色、分裂呈纤维状的宿存叶鞘。苞片叶状，长于支花序，具长鞘；圆锥花序复出，长20~50cm；小穗多数，全部从囊状、内无花的支先出叶中生出，两性，雄花鳞片披针形，顶端渐尖，膜质，褐色或褐红色；雌花鳞片卵形或披针形，膜质，褐色、红褐色或淡褐色而有红褐色的斑点和短线，有1条中脉。果囊上部收缩成长喙，喙长为果囊的1/2；小坚果椭圆形，三棱形。花果期5~11月。武功山吊马桩有分布；海拔1000~2800m。用途：观赏。

条穗薹草
Carex nemostachys Steud

根状茎粗短，木质，具地下匍匐茎。秆高 40~90cm，三棱形，基部具黄褐色撕裂成纤维状的老叶鞘。叶两侧脉明显，脉和边缘均粗糙。苞片下面的叶状，上面的呈刚毛状，无鞘。小穗 5~8 个，雄花鳞片披针形，顶端具芒，边缘稍内卷；雌花鳞片狭披针形，顶端具芒，芒粗糙，膜质，苍白色，具 1~3 条脉。果囊卵形或宽卵形，钝三棱形；小坚果较松地包于果囊内，宽倒卵形或近椭圆形，三棱形，柱头 3 个。花果期 9~12 月。武功山草甸零星分布；海拔 300~1600m。用途：观赏。

紫果蔺
Heleocharis atropurpurea (Retz.) Kunth

无匍匐根状茎。秆多数，丛生，高 2~15cm，细若毫发，直，圆柱状，有浑圆肋条，淡绿色，在秆的基部有 1~2 个叶鞘。鞘的上部淡绿色，下部紫红色，管状，膜质，鞘口斜，褐色；在小穗基部的二片鳞片中空无花，背部较宽部分为绿色，最下一片抱小穗基部 1/2 周多；其余鳞片全有花，背部绿色，中脉一条不大明显，两侧血红色，边缘狭，干膜质；下位刚毛 4~6 条，细，白色，有稀而细的倒刺。小坚果倒卵形或宽倒卵形，双凸状，后来紫黑色，有光泽，平滑。花果期 6~10 月。武功山草甸局部沼泽地有分布；海拔 230~1400m。用途：观赏。

类头状花序藨草
Scirpus subcapitatus Thw.

根状茎短，密丛生。秆细长，高 20～90cm，近于圆柱形，基部具 5～6 个叶鞘，鞘棕黄色，裂口处薄膜质，棕色，愈向上鞘愈长，顶端具很短的、贴状的叶片，边缘粗糙。苞片鳞片状，卵形或长圆形，顶端具较长的短尖；蝎尾状聚伞花序小，具 2～6 小穗；小穗具几朵至十几朵花；鳞片排列疏松，皮纸质，麦秆黄色或棕色，背面具一条绿色的脉，有时伸出顶端呈短尖；下位刚毛 6 条，较小坚果长约 1 倍。花果期 3～6 月。武功山草甸岩石处有分布；海拔 700～2300m。用途：观赏。在《Flora of China》中已归并为：玉山针蔺 *Trichophorum subcapitatum* (Thwaites & Hooker) D. A. Simpson。

夏飘拂草
Fimbristylis aestivalis (Retz.) Vahl

无根状茎。秆密丛生，纤细，高 3～12cm，扁三棱形，平滑，基部具少数叶。叶短于秆，丝状，平张，边缘稍内卷，两面被疏柔毛；叶鞘短，棕色，外面被长柔毛。苞片 3～5 枚，丝状，被疏硬毛，长侧枝聚伞花序复出，具 3～7 个辐射枝，纤细，最长达 3cm；小穗单生于第一次或第二次辐射枝顶端；鳞片为稍密地螺旋状排列，膜质，具或长或短的短尖，红棕色，背面具绿色的龙骨状突起，有 3 条脉。小坚果倒卵形，双凸状，基部近于无柄，表面近于平滑。花期 5～8 月。武功山草甸局部半沼泽地有分布；海拔 1000～2200m。用途：观赏。

禾本科 Gramineae

毛秆野古草
Arundinella hirta (Thunb.) Tanaka

多年生草本。根茎较粗壮且被淡黄色鳞片，高 90～150cm，被白色疣毛及疏长柔毛，后变无毛，节黄褐色，密被短柔毛。叶鞘被疣毛，边缘具纤毛；叶舌长约 0.2mm，上缘截平，具长纤毛；叶片长 15～40cm，宽约 1cm，两面被疣毛。圆锥花序长 15～40cm，花序柄、主轴及分枝均被疣毛；孪生小穗柄较粗糙，具疏长柔毛；外稃具 3～5 脉，内稃略短。花果期 8～10 月。武功山草甸主要建群种之一：海拔 1500m 以下。用途：幼嫩植株可作饲料；根茎密集，可固堤，也可作造纸原料。

野古草
Arundinella anomala Steud.

多年生草本。根茎较粗壮，长可达 10cm，密生具多脉的鳞片。秆直立，疏丛生，高 60～110cm，有时近地面数节倾斜并有不定根，质硬，节黑褐色，具髯毛或无毛。叶鞘无毛或被疣毛；叶舌短，上缘圆凸，花序长 10～40（～70）cm，主轴与分枝具棱，棱上粗糙或具短硬毛。孪生小穗柄分别长约 1.5mm 及 3mm，柱头紫红色。花果期 7～10 月。武功山草甸主要建群种之一：海拔 2000m 以下。用途：幼嫩时牲畜喜食，秆叶亦可作造纸原料。在《Flora of China》中已归并为：毛秆野古草。

刺芒野古草
Arundinella setosa Trin.

多年生草本。茎节淡褐色。叶鞘无毛至具长刺毛,边缘具短纤毛;叶舌长约0.8mm,上缘具极短纤毛,两侧有长柔毛;叶片常两面无毛,有时具疣毛。圆锥花序排列疏展,长10~25(~35)cm,分枝细长而互生,主轴及分枝均有粗糙的纵棱,孪生小穗柄顶端着生数枚白色长刺毛;第二小花成熟时棕黄色,上部微粗糙;芒宿存,花药紫色。颖果褐色,长卵形,长约1mm。花果期8~12月。武功山草甸零星分布;海拔2500m以下的山坡草地。用途:秆叶可作纤维原料。

石芒草
Arundinella nepalensis Trin.

多年生草本。有具鳞片的根茎。秆直立,高90~190cm,无毛;节淡灰色,被柔毛,节间上段常具白粉,节上的分枝常可抽穗。叶鞘无毛或被短柔毛;叶舌干膜质,极短,具纤毛;叶片线状披针形,长10~40cm,宽1~1.5cm,无毛或具短疣毛及白色柔毛。圆锥花序,小穗柄灰绿色至紫黑色;颖无毛;第二小花两性,外稃成熟时棕褐色,薄革质,无毛或微粗糙;芒宿存,芒柱棕黄色。颖果棕褐色。花果期9~11月。武功山草甸零星分布;生于海拔2000m以下的山坡草丛中。用途:秆叶可作纤维原料。

密序野古草（孟加拉野古草）
Arundinella bengalensis (Spreng.) Druce

多年生草本。根茎被覆瓦状鳞片。秆高 100～170cm，节无毛或具白色髯毛。叶鞘常具硬疣毛或刺毛，稀无毛，边缘具纤毛；叶舌干膜质，具长柔毛；叶片边缘粗糙，两面具硬疣毛或变无毛。圆锥花序穗状至窄圆柱状，分枝腋间具长柔毛；孪生小穗柄分别长 0.5mm 及 1mm；小穗常带紫色，排列紧密，颖疏生疣毛至近无毛，脉上粗糙。花果期 8～10 月。武功山草甸零星分布；海拔 2000m 以下的山坡。用途：可供建盖草房屋顶之用。

紫芒
Miscanthus purpurascens Anderss.

秆较粗壮，高达 1m 以上。叶鞘稍短于其节间，鞘节具髭毛，仅鞘口边缘具纤毛；叶舌长 1～2mm，顶端具纤毛；叶片宽线形，长 60cm 以上，宽约 1.5cm，顶端长渐尖，无毛或下面贴生柔毛。圆锥花序长达 30cm；小穗披针形，基盘柔毛带紫色，稍长或等长于小穗；第一颖具 2 脊，背面中部以上及边缘生长柔毛；较颖稍短，具纤毛；第二外稃狭窄披针形，顶端 2 齿裂，芒柱稍扭转、膝曲；柱头紫黑色。花果期 8～10 月。武功山草甸北坡有分布；海拔 1800m 以下。用途：观赏。在《Flora of China》中已归并为：芒 *Miscanthus sinensis* Andersson。

芒
Miscanthus sinensis Anderss.

多年生苇状草本。秆高1~2m。叶鞘无毛，长于其节间；叶舌膜质，叶片线形，长20~50cm，宽6~10mm，下面疏生柔毛及被白粉，边缘粗糙。圆锥花序直立，长15~40cm，主轴无毛，延伸至花序的中部以下，节与分枝腋间具柔毛；小穗披针形，长4.5~5mm，黄色有光泽，基盘具等长于小穗的白色或淡黄色的丝状毛；第二颖常具1脉，粗糙，上部内折之边缘具纤毛；第二外稃明显短于第一外稃，先端2裂，裂片间具1芒，棕色。花果期7~12月。武功山草甸主要建群种之一；海拔1800m以下。用途：秆纤维用途较广，作造纸原料等。

金县芒
Miscanthus jinxianensis L. Liou

短根茎被厚鳞片。秆丛生，高约1m以上，粗壮，具多数节，节具细髭毛或无毛。叶鞘通常长于其节间，鞘口或上部边缘具柔毛；叶舌长约2mm，顶端密生纤毛；叶片长约50cm，宽1~1.5cm，下面灰绿色，通常被柔毛，中脉粗厚。圆锥花序长25cm；小穗披针形，长6~7.5mm，金黄色，基盘具白色丝状毛；第一颖与小穗等长或稍短，第一外稃稍短于颖；柱头紫黑色，自小穗中部之两侧伸出。花期夏秋季。武功山草甸常见分布；海拔600~2600m。用途：观赏。

五节芒
Miscanthus floridulus (Lab.) Warb. ex Schum. et Laut.

多年生草本，具发达根状茎。秆高大似竹，节下具白粉，鞘节具微毛；叶舌长 1～2mm，顶端具纤毛；叶片长 25～60cm，宽 1.5～3cm，扁平，中脉粗壮隆起。圆锥花序大型，稠密，长 30～50cm，主轴粗壮，延伸达花序的 2/3 以上，分枝较细弱，通常 10 多枚簇生于基部各节，总状花序轴的节间长 3～5mm；小穗卵状披针形，黄色，基盘具较长于小穗的丝状柔毛；第一颖无毛，顶端渐尖或有 2 微齿，侧脉内折呈 2 脊，芒长 7～10mm，微粗糙，伸直或下部稍扭曲；内稃微小。花果期 5～10 月。武功山草甸有分布；海拔 100～1500m。用途：幼叶作饲料，秆可作造纸原料；根状茎有利尿之效。

台湾剪股颖
Agrostis canina var. *formosana* Hack.

多年生草本，具根状茎。秆丛生，直立或基部稍倾斜上升，高达 90cm，具 3～5 节；叶片线形，长 7～20（30）cm，扁平或先端内卷成锥状，微粗糙。圆锥花序尖塔形或长圆形，长 15～30cm，宽 3～10cm，疏松开展，分枝多至 10 余枚，少者 2～4 枚，下部有 1/2～2/3 裸露无小穗，两颖近等长或第一颖稍长，脊上微粗糙；外稃长 1.5～2mm，微具齿 5 脉明显，中部以下着生 1 芒，细直或微扭，基盘两侧有短毛；内稃长约 0.5mm；花药线形，长 1～1.2mm。花果期夏秋季。武功山草甸零星分布；海拔 1000～2000m。用途：观赏。在《Flora of China》中拉丁学名已修改为：*Agrostis sozanensis* Hayata。

剪股颖

Agrostis matsumurae Hack. ex Honda

多年生草本，具细弱的根状茎。秆丛生，高 20～50cm，常具 2 节；叶舌透明膜质，先端圆形或具细齿，叶片直立，扁平，长 1.5～10cm，宽 1～3mm，上面绿色或灰绿色，分蘖叶片长达 20cm。圆锥花序，长 5～15cm，宽 0.5～3cm，绿色；小穗柄棒状，长 1～2mm，小穗长 1.8～2mm；第一颖稍长于第二颖，先端尖，平滑，脊上微粗糙；外稃无芒，具明显的 5 脉，先端钝，基盘无毛；内稃卵形，花药微小。花果期 4～7 月。武功山草甸零星分布；海拔 300～1700m。用途：优等饲料；观赏。在《Flora of China》中已归并为：华北剪股颖 *Agrostis clavata* Trin.。

多花剪股颖

Agrostis myriantha Hook. f.

多年生丛生草本。秆多数，幼时直立，后常偃卧膝曲上升，高 40～100cm，基部各节着土生根。叶鞘平滑，基部长于和上部短于节间；叶舌边缘和背面微粗糙。圆锥花序幼时常成线形或长圆形，花在果期则成椭圆形，绿色或稍带紫色，每节具多数分枝；小穗长达 1.8mm，两颖相等或第一颖稍长，先端急尖或钝，脊上微粗糙；外稃长约 1.5mm，无芒，先端急尖；内稃长 0.3～0.5mm，常为外稃长度的 1/3 以下。花果期 7～9 月。武功山草甸零星分布；海拔 1600～3500m。用途：观赏。在《Flora of China》中已归并为：小花剪股颖 *Agrostis micrantha* Steud.。

黑麦草
Lolium perenne L.

多年生,具细弱根状茎。秆丛生,高 30~90cm,具 3~4 节,基部节上生根。叶舌长约 2mm;叶片线形,长 5~20cm,宽 3~6mm,具微毛,有时具叶耳。穗形穗状花序直立或稍弯,长 10~20cm,宽 5~8mm;小穗轴节间平滑无毛;颖披针形,为其小穗长的 1/3,具 5 脉,边缘狭膜质;外稃长圆形,具 5 脉,平滑,基盘明显,顶端无芒,或上部小穗具短芒,第一外稃长约 7mm;内稃与外稃等长,两脊生短纤毛。颖果长约为宽的 3 倍。花果期 5~7 月。武功山草甸路边有分布;海拔 10~3000m。用途:优良牧草。

多花黑麦草
Lolium multiflorum Lamk.

一年生。秆直立或基部偃卧节上生根,高 50~130cm,具 4~5 节,较细弱至粗壮。叶鞘疏松;叶舌长达 4mm,有时具叶耳;叶片长 10~20cm,宽 3~8mm,无毛,上面微粗糙。穗形总状花序直立或弯曲,长 15~30cm,宽 5~8mm;小穗含 10~15 小花,长 10~18mm,宽 3~5mm;颖披针形,具狭膜质边缘;内稃约与外稃等长,脊上具纤毛。花果期 7~8 月。武功山草甸路边有分布;海拔 10~3000m。用途:优良牧草。

知风草
Eragrostis ferruginea (Thunb.) Beauv.

多年生。秆丛生或单生，直立或基部膝曲，高 30～110cm，径约 4mm。叶鞘两侧极压扁，基部相互跨覆，均较节间为长，鞘口与两侧密生柔毛，通常在叶鞘的主脉上生有腺点；叶舌退化为一圈短毛。圆锥花序大而开展，分枝腋间无毛；小穗在其中部或中部偏上有一腺体；小穗长圆形，长 5～10mm，宽 2～2.5mm，有 7～12 小花，多带黑紫色，有时也出现黄绿色；颖开展，具 1 脉，内稃短于外稃，脊上具有小纤毛，宿存；花药长约 1mm。颖果棕红色。花果期 8～12 月。武功山草甸零星分布；海拔 2000m 以下。用途：优良饲料；水土保持；全草入药。

画眉草
Eragrostis pilosa (L.) Beauv.

一年生草本；秆丛生，直立或基部膝曲，高 15～60cm，径 0.15～0.25cm，通常具 4 节，光滑。叶鞘松裹茎，扁压，鞘口有长柔毛；叶舌为一圈纤毛，长约 0.05cm；叶片线形扁平或卷缩，长 6～20cm，宽 0.2～0.3cm，无毛。圆锥花序长 10～25cm，宽 2～10cm，分枝单生，簇生或轮生，多直立向上，腋间有长柔毛，小穗具柄，长 0.3～1cm，宽 0.1～0.15cm，含 4～14 小花；颖为膜质，披针形，先端渐尖；第一颖长约 0.1cm，无脉，第二颖长约 0.15cm，具 1 脉；第一外稃长约 0.18cm，广卵形，先端尖，具 3 脉；内稃长约 0.15cm，稍作弓形弯曲，脊上有纤毛，迟落或宿存；雄蕊 3 枚，花药长约 0.03cm。花果期 8～11 月。武功山金顶去安福方向路边有分布；海拔 10～2600m。用途：用于护堤、湿地植被重建；饲料；药用。

湖北野青茅
Deyeuxia hupehensis Rendle

秆直立，疏丛，高约60cm，基部茎约2mm，平滑，具2～4节，叶片常纵卷，长20～40cm，宽3～6mm。圆锥花序紧密，稍弯垂，长10～17cm，宽1～2cm，主枝下部1/3常裸露；小穗长3～4mm，草黄色或基部带紫色；两颖近等长或第二颖稍短，似膜质，披针形，第一颖边缘具纤毛，具1脉，第二颖具3脉，脉上粗糙；外稃长约3mm，顶端具细齿，背上部稍粗糙，基盘两侧的柔毛长为稃体的1/4。花期9月。武功山草甸有分布；海拔800～1100m。用途：观赏。在《Flora of China》中已归并为：野青茅 *Deyeuxia pyramidalis* (Host) Veldkamp。

箱根野青茅
Deyeuxia hakonensis (Franch. et Sav.) Keng

多年生。秆细弱，平滑无毛，高30～60cm。叶鞘短于节间，边缘及鞘口常疏生柔毛；叶片线形，扁平或边缘内卷，长10～25cm，宽2～6mm。圆锥花序疏松，长6～15cm，宽1～3cm，分枝常孪生；小穗草黄色或稍带紫色，仅中脉粗糙；外稃长3～4mm，顶端钝或具细齿，基盘两侧的柔毛长为稃体的2/3或1/2，芒自稃体，细直，长2～4mm；内稃近等于或微短于外稃，顶端钝或微。花期7～8月。武功山安福方向坡上有分布；海拔680～2100m。用途：观赏。

粟草
Milium effusum L.

多年生。须根细长，稀疏。秆质地较软，光滑无毛。叶鞘松弛，无毛，有时稍带紫色，基部者长于节间，上部者短于节间；叶舌透明膜质，有时为紫褐色；叶片条上面鲜绿色，下面灰绿色，长5～20cm，宽3～10mm，常翻转而使上下面颠倒。圆锥花序，长10～20cm；小穗灰绿色或带紫红色，颖纸质，具3脉；外稃软骨质，乳白色；内稃与外稃同质同长，内外稃成熟时深褐色。花果期5～7月。武功山草甸零星分布；海拔700～3500m。用途：草质柔软，为牲畜爱吃的饲料；谷粒也是家禽的优良饲料。

淡竹叶
Lophatherum gracile Brongn.

多年生，具木质根头。秆直立，高40～80cm，具5～6节。叶鞘平滑或外侧边缘具纤毛；叶舌质硬，褐色，背有糙毛；叶片长6～20cm，宽1.5～2.5cm，具横脉，有时被柔毛或疣基小刺毛。圆锥花序长12～25cm；颖顶端钝，具5脉，第一颖内稃较短，其后具长约3mm的小穗轴；不育外稃向上渐狭小，互相密集包卷，顶端具长约1.5mm的短芒；雄蕊2枚。颖果长椭圆形。花果期6～10月。武功山草甸零星分布；海拔10～2600m。用途：叶为清凉解热药，小块根作药用。

圆果雀稗

Paspalum orbiculare Forst.

多年生。秆直立，丛生，高30～90cm。叶鞘长于其节间，基部者生有白色柔毛；叶舌长约1.5mm；叶片长10～20cm，宽5～10mm，大多无毛。总状花序长3～8cm，分枝腋间有长柔毛；穗轴宽1.5～2mm，边缘微粗糙；小穗椭圆形或倒卵形，单生于穗轴一侧，覆瓦状排列成二行；小穗柄微粗糙；第二颖与第一外稃等长，具3脉，顶端稍尖；第二外稃等长于小穗，成熟后褐色，革质，有光泽，具细点状粗糙。花果期6～11月。武功山草甸零星分布；海拔10～2000m。用途：观赏。在《Flora of China》中拉丁学名已修改为：*Paspalum scrobiculatum* var. *orbiculare*（G. Forster.）Hackel。

甜茅

Glyceria acutiflora subsp. *japonica* (Steud.) T. Koyama et Kawano

多年生。秆质地柔软，压扁，常单生，直立，高40～70cm，基部常横卧并于节处生根。叶鞘闭合达中部或中部以上，叶舌透明膜质，有时呈齿牙状；叶片柔软质薄，长5～15cm，宽4～5mm。圆锥花序退化几呈总状，基部常隐藏于叶鞘内，分枝着生2～3小穗，上部各节仅具1枚有短柄的小穗；小穗含5～12小花。外稃具7脉，点状粗糙，内稃较长于外稃，顶端2裂，脊具狭翼，翼缘粗糙。花期3～6月。武功山草甸零星分布；海拔470～1030m。用途：观赏。

狭叶求米草
Oplismenus undulatifolius var. *imbecillis* (R. Br.) Hack.

秆纤细，节处生根。叶鞘短于或上部者长于节间，密被疣基毛；叶片扁平，长2~8cm，宽5~18mm，常具细毛。圆锥花序长2~10cm，主轴密被疣基长刺柔毛；分枝短缩，有时下部的分枝延伸长达2cm；小穗被硬刺毛；颖草质，第一颖长约为小穗之半，顶端具长硬直芒，第一内稃通常缺；第二外稃草质。花序轴及穗轴无毛，小穗疏生毛。花果期7~11月。武功山草甸零星分布；海拔10~2000m。用途：药用。

鹅观草
Roegneria kamoji Ohwi

秆直立或基部倾斜，高30~100cm。叶鞘外侧边缘常具纤毛；叶长5~40cm，宽3~13mm。穗状花序长7~20cm；小穗绿色或带紫色，含3~10小花；先端锐尖至具短芒边，第一颖长4~6mm，第二颖长5~9mm；外稃披针形，具有较宽的膜质边缘，背部以及基盘近于无毛或仅基盘两侧具有极微小的短毛，上部具明显的5脉，脉上稍粗糙，第一外稃长8~11mm，先端延伸成芒，芒粗糙，劲直或上部稍有曲折，长20~40mm；内稃约与外稃等长，先端钝头，脊显著具翼，翼缘具有细小纤毛。武功山草甸普遍分布；海拔100~2300m。用途：可作牲畜的饲料，叶质柔软而繁盛，产草量大，可食性高。在《Flora of China》中拉丁学名已修改为：*Elymus kamoji* (Ohwi) S. L. Chen。

弓果黍
Cyrtococcum patens (L.) A. Camus

一年生。秆纤细，花枝高15～30cm。叶鞘常短于节间，边缘及鞘口被疣基毛或仅见疣基，脉间亦散生疣基毛；叶舌0.5～1mm，顶端圆形，叶片长3～8cm，宽3～10mm，两面贴生短毛，老时渐脱落，边缘稍粗糙，近基部边缘具疣基纤毛。圆锥花序长5～15cm；腋内无毛；小穗柄长于小穗；第一外稃约与小穗等长，具5脉，边缘具纤毛；第二外稃长约1.5mm，背部弓状隆起，顶端具鸡冠状小瘤体；第二内稃长椭圆形，包于外稃中。花果期9月至翌年2月。武功山草甸零星分布；海拔300～1800m。用途：观赏。

稗荩
Sphaerocaryum malaccense (Trin.) Pilger

一年生草本。秆下部卧伏地面，节上生根，多节，高10～30cm。叶鞘短于节间，被基部膨大的柔毛；叶舌短小，顶端具长约0.1cm的纤毛；叶片卵状心形，基部抱茎，长1～1.5cm，宽0.6～1cm，边缘疏生硬毛。圆锥花序卵形；长2～3cm，宽1～2cm，秆上部的1、2叶鞘内常有花序，分枝斜升，小穗柄长1～3mm，中部具黄色腺点；小穗含1小花，长约0.1cm；颖透明膜质，无毛，第一颖长约为小穗的2/3，无脉，第二颖与小穗等长或稍短，具1脉；外稃与小穗等长，被细毛，内稃与外稃同质且等长，稍内卷；雄蕊3枚，花药黄色，长约0.03cm；花柱2，柱头帚状。颖果长约0.07cm。花果同期7～10月。武功山草甸沟谷有分布；海拔1300m以下。用途：湿地植被营建、水质净化。

二型柳叶箬
Isachne dispar Trin.

一年生草本。秆分枝，节上生根，伏卧地面，直立部分高 10～25cm；多节，节上有毛；叶鞘短于节间，无毛或疏生细毛，边缘及鞘口具纤毛；叶舌纤毛状；叶片卵形，边缘微有波状皱褶，顶端尖，基部心形，长 1～2.5cm，宽 0.3～1cm，叶脉明显，上面疏生硬毛，下面近无毛。圆锥花序长 2.5～5cm，宽 1～2cm，花序分枝及小穗柄均无毛，但具淡黄色腺斑，侧生的小穗柄粗壮，常短于小穗；小穗灰绿色或带紫色，长约 0.16cm；颖与小穗近等长，无毛或有微毛（放大镜下可见），第一颖较窄，具 5 脉，第二颖具 5～7 脉；第一小花雄性，椭圆形，较第二小花窄长，稃体草质，无毛；第二小花两性，有时为雌性，顶端圆钝，稃体被细毛，革质，两小花之间有长约 0.03cm 的小穗轴。花果期 5～10 月。武功山白鹤峰沟谷有分布；海拔 1600m 以下。用途：湿地植被营建、水质净化、护堤。在《Flora of China》中已修改为：矮小柳叶箬 *Isachne pulchella* Roth。

棕叶狗尾草
Setaria palmifolia (Koen.) Stapf

多年生草本。具根茎，秆高 0.75～2m，直径 0.3～0.7cm，具支柱根。叶鞘松弛，具疣毛，少数无毛，上部边缘具较密而长的疣基纤毛，毛易脱落，下部边缘无纤毛；叶舌长约 0.1cm，具长 0.2～0.3cm 纤毛；叶片椭圆状披针形，长 20～59cm，宽 2～7cm，先端渐尖，基部窄缩呈柄状，近基部边缘有疣基毛，具纵深皱折，两面具疣毛或无毛。圆锥花序主轴延伸甚长，塔形，长 20～60cm，宽 2～10cm，主轴具棱角，分枝排列疏松，长 30cm；小穗卵状披针形，长 0.25～0.4cm，紧密或稀疏排列于小枝的一侧；第一颖三角状卵形，先端稍尖，具 3～5 脉；第二颖长为小穗的 1/2～3/4 或略短于小穗，具 5～7 脉；第一小花雄性或中性，第一外稃与小穗等长或略长，先端渐尖，呈稍弯的小尖头，具 5 脉，内稃膜质，窄而短小；第二小花两性，第二外稃具不甚明显的横皱纹，等长或稍短于第一外稃。颖果成熟时往往不带着颖片脱落。花果期 8～12 月。武功山金顶去红岩谷方向沟谷潮湿处有分布；海拔 10～1800m。用途：湿地植被营建、水质净化。

鼠尾粟
Sporobolus fertilis (Steud.) W. D. Clayt.

多年生草本；秆丛生，高 25～120cm，平滑无毛。叶鞘疏松裹茎，基部者较宽，平滑无毛或其边缘稀具极短的纤毛，下部者长于而上部者短于节间；叶舌极短，纤毛状；叶片质较硬，平滑无毛，内卷，少数扁平，先端长渐尖，长 15～65cm，宽 0.2～0.5cm。圆锥花序较紧缩呈线形，常间断，或稠密近穗形，长 7～44cm，宽 0.5～1.2cm，分枝稍坚硬，直立，长 1～2.5cm，基部花序较长，小穗密集着生其上；小穗灰绿色且略带紫色，长 0.2cm；颖膜质，第一颖小先端尖或钝，具 1 脉；外稃等长于小穗，先端稍尖，具 1 中脉及 2 不明显侧脉；雄蕊 3，花药黄色。囊果成熟后红褐色，明显短于外稃和内稃，顶端截平。花果同期 3～12 月。武功山金顶去安福方向水沟边有分布；海拔 1600m 以下。用途：湿地植被恢复、水质净化、护堤。

芦苇
Phragmites australis (Cav.) Trin. ex Steud.

多年生草本；秆直立，高 1～3m，直径 1～4cm，20 节，最长节间位于下部第 4～6 节，节间长 20～25cm，节下被蜡粉。上部叶鞘较长，大于其节间；叶舌边缘密生一圈长约 0.1cm 的短纤毛，两侧缘毛长 0.3～0.5cm，易脱落；叶片披针状线形，长 30cm，宽 2cm，无毛，顶端长渐尖成丝形。圆锥花序大型，长 20～40cm，宽约 10cm，分枝多数，长 5～20cm，着生稠密下垂的小穗；小穗柄长 0.2～0.4cm，无毛；小穗长约 1.2cm，含 4 花；颖具 3 脉，第一颖长 0.4cm；第二颖长约 0.7cm；第一不孕外稃雄性，长约 1.2cm，第二外稃长 1.1cm，具 3 脉，顶端长渐尖，基盘延长，两侧密生丝状柔毛，与无毛的小穗轴相连接处具明显关节，成熟后易自关节上脱落；内稃长约 0.3cm，两脊粗糙；雄蕊 3 枚，花药长 0.15～0.2cm，黄色；颖果长约 0.15cm。武功山金顶去安福方向路边有分布；海拔 1700m 以下。用途：湿地植被重建、水质净化、护堤、药用。

参考文献

国家林业局野生动植物保护与自然保护区管理司,中国科学院植物研究所,2013.中国珍稀濒危植物图鉴[M].北京:中国林业出版社.

江西植物志编委会,1993.江西植物志(第一卷)[M].南昌:江西科技出版社.

江西植物志编委会,2004.江西植物志(第二卷)[M].北京:中国科学技术出版社.

李丙贵,刘林翰,刘克明,等,2009.湖南植物志(第三卷)[M].长沙:湖南科技出版社.

廖铅生,刘江华,熊美珍,2008.萍乡市武功山稀有濒危、特有植物的多样性及其保护[J].萍乡高等专科学校学报,(03):79-83.

刘仁林,肖双燕,周德中,等,2002.萍乡种子植物区系研究[J].江西林业科技,(03):5-13+59.

刘仁林,张志翔,廖为明,2010.江西种子植物名录[M].北京:中国林业出版社.

刘仁林,朱恒,2015.江西木本及珍稀植物图志[M].北京:中国林业出版社.

刘仁林,易泉川,2017.江西湿地植物图鉴[M].南昌:江西高校出版社.

罗成凤,2013.江西武功山山地草甸植物多样性研究[D].江西农业大学.

肖双燕,喻晓林,潜伟平,等,2002.萍乡市植物资源考察综合报告[J].江西林业科技,(03):1-4.

肖佳伟,王冰清,张代贵,等,2017.武功山地区种子植物区系研究[J].西北植物学报,37(10):2063-2073.

肖佳伟,陈功锡,向晓媚,2018.武功山地区种子植物区系及珍稀濒危保护植物研究[M].北京:科学技术文献出版社.

浙江植物志编辑委员会,1989-1993.浙江植物志(1~7卷)[M].杭州:浙江科学技术出版社.

郑万钧,1982.中国树木志(第一卷)[M].北京:中国林业出版社.

郑万钧,1985.中国树木志(第二卷)[M].北京:中国林业出版社.

郑万钧,1997.中国树木志(第三卷)[M].北京:中国林业出版社.

中国植物志编委会,1958-2003.中国植物志(1~75卷)[M].北京:科学出版社.

中国科学院植物研究所,1972.中国高等植物图鉴(第一册)[M].北京:科学出版社.

中国科学院植物研究所,1972.中国高等植物图鉴(第二册)[M].北京:科学出版社.

中国科学院植物研究所,1974.中国高等植物图鉴(第三册)[M].北京:科学出版社.

中国科学院植物研究所,1975.中国高等植物图鉴(第四册)[M].北京:科学出版社.

中国科学院植物研究所,1976.中国高等植物图鉴(第五册)[M].北京:科学出版社.

中国科学院植物研究所,1982.中国高等植物图鉴(补编第一册)[M].北京:科学出版社.

中国科学院植物研究所,1983.中国高等植物图鉴(补编第二册)[M].北京:科学出版社.

Wu ZY, Raven PH & Hong DY, 1994-2013. (Eds.). Flora of China Vol. 1-25[M]. Beijing: Science Press, Missouri Botanical Garden Press, St. Louis.

中文名索引

A

阿丁枫　115
阿里山女贞　260
矮冬青　212
矮桃　330
安福槭　254
安息香　91
安息香科　88
凹叶厚朴　15
凹叶木兰　14

B

八角枫　104
八角枫科　104
八角科　21
菝葜科　280
白苞蒿　324
白背牛尾菜　280
白背叶　175
白豆杉　11
白花龙　92
白花泡桐　280
白花前胡　314
白栎　145

白毛椴　165
白木通　276
白木乌桕　177
白楸　176
白乳木　177
白舌紫菀　321
白檀　93
白头婆　325
白叶莓　59
白玉兰　16
百合科　339
百两金　235
柏科　6
柏木　6
败酱科　317
稗荩　364
斑叶兰　347
斑子乌桕　178
板栗　142
半边月　268
半枫荷　115
棒柱杜鹃　197
包果柯　135
薄荷　335
薄叶桤叶树　193
薄叶润楠　37

薄叶山矾　94
报春花科　330
豹皮樟　27
北江荛花　160
北枳椇　228
背绒杜鹃　197
薜荔　154
篦子三尖杉　9
扁担杆　166
扁枝越橘　206
变叶榕　152
波叶红果树　43
伯乐树　257
伯乐树科　257

C

糙叶五加　110
草珊瑚　242
草绣球　308
茶　180
茶荚蒾　270
茶梨　183
茶条果　95
檫木　39
常春藤　106

常春油麻藤　81
常绿悬钩子　58
常山　87
长瓣马铃苣苔　333
长柄地锦　230
长柄紫珠　273
长梗柳　125
长花厚壳树　271
长蕊杜鹃　200
长叶冻绿　226
长籽柳叶菜　303
朝天罐　306
车前　331
车前科　331
沉水樟　33
秤星树　209
池杉　5
齿叶桃叶石楠　45
齿缘吊钟花　201
赤胫散　299
赤楠　207
赤皮青冈　140
赤杨叶　89
翅荚木　71
翅茎灯心草　348
臭椿　242

臭节草　313
臭牡丹　271
楮　157
楮头红　305
唇形科　335
刺柏　6
刺芒野古草　353
刺葡萄　228
刺楸　113
楤木　111
粗柄野木瓜　276
粗齿冷水花　311
粗梗稠李　67
粗糠柴　175
粗毛耳草　317
粗毛石笔木　181
粗叶榕　151
粗叶悬钩子　55
簇叶新木姜子　25

D

大风子科　159
大果马蹄荷　113
大果卫矛　219
大戟科　171
大落新妇　296
大血藤　275
大血藤科　275
大叶白纸扇　266
大叶冬青　214
大叶胡枝子　80
大叶黄杨　121
大叶金牛　164
大叶青冈　138
大叶新木姜子　25
大叶玉叶金花　266

大云锦杜鹃　194
单耳柃　184
淡红南烛　204
淡红忍冬　267
淡红乌饭　204
淡竹叶　361
灯笼树　201
灯台莲　343
灯台树　99
灯心草　348
灯芯草科　347
地不容　293
棣棠花　54
滇白珠　203
钓樟　30
蝶形花科　74, 310
顶花板凳果　122
顶蕊三角咪　122
东方古柯　170
东方野扇花　122
东京野茉莉　91
东南栲　129
东南石栎　134
冬青　216
冬青科　209
冬桃　167
豆腐柴　273
豆梨　48
独蒜兰　345
杜茎山　234
杜鹃　198
杜鹃花科　194
杜英　167
杜英科　167
杜仲　158
杜仲科　158
短柄枹栎　145

短刺虎刺　264
短梗菝葜　281
短梗大参　110
短尾越橘　203
短叶江西小檗　279
短柱柃　185
椴树　165
椴树科　165
多花勾儿茶　227
多花黑麦草　358
多花剪股颖　357
多花山竹子　206
多脉青冈　141
多穗柯　136

E

鹅观草　363
鹅掌柴　109
鹅掌楸　12
鄂西清风藤　245
二型柳叶箬　365

F

番荔枝科　23
饭甑青冈　138
方竹　285
防风　315
防己科　293
肥肉草　306
肥皂荚　70
粉背南蛇藤　222
粉团蔷薇　53
粉叶柿　237
粉叶羊蹄甲　72
丰城崖豆藤　77

风轮菜　336
枫香树　114
枫杨　146
凤仙花科　302
佛甲草　296
扶芳藤　219
福建柏　7
福建假卫矛　221
复羽叶栾树　244

G

港柯　134
高粱泡　56
革叶猕猴桃　189
格药柃　185
弓果黍　364
钩距虾脊兰　346
钩栲　131
钩藤　265
钩柱毛茛　293
钩锥　131
狗骨柴　264
枸骨　211
构棘　158
构树　156
菰腺忍冬　268
古柯科　170
谷蓼　304
牯岭藜芦　339
牯岭山梅花　82
瓜馥木　23
观光木　20
冠盖藤　87
光柄筒冠花　337
光萼茅膏菜　297
光皮梾木　102

光皮树　102
光叶粉花绣线菊　40
光叶榉　149
光叶山矾　94
光叶石楠　45
光叶铁仔　236
光枝杜鹃　196
广东冬青　214
广东蛇葡萄　232
广东紫珠　274
广玉兰　17
龟甲竹　282
鬼针草　322
贵定桤叶树　192
贵州鼠尾草　337
桂花　258
过路惊　208
过山枫　223

H

海金子　162
海通　272
海桐　162
海桐花科　162
海州常山　272
含笑花　20
含羞草科　73
蔊菜　294
禾本科　282，352
合欢　73
荷包山桂花　163
荷花玉兰　17
褐毛杜英　167
黑壳楠　31
黑老虎　22
黑麦草　358

黑蕊猕猴桃　189
亨氏马先蒿　333
红柴枝　246
红淡比　188
红豆杉　10
红豆杉科　10
红毒茴　21
红果罗浮槭　253
红果山胡椒　29
红花檵木　116
红花香椿　243
红皮树　90
红润楠　38
红岩杜鹃　196
猴欢喜　170
猴头杜鹃　196
厚壳树科　271
厚皮香　186
厚朴　14
厚叶红淡比　188
厚叶厚皮香　187
厚叶悬钩子　60
胡桃科　146
胡颓子科　224
胡枝子　79
葫芦科　305
湖北海棠　49
湖北野青茅　360
湖北紫荆　72
虎刺楤木　112
虎耳草科　296
虎皮楠　123
虎皮楠科　123
虎杖　300
花榈木　74
花毛竹　282
华东山柳　193

华东唐松草　292
华东蹄盖蕨　290
华东野核桃　148
华东钻地风　86
华杜英　169
华空木　41
华木莲　13
华南桂　34
华南厚皮香　187
华桑　156
华山矾　93
华檀梨　224
华中前胡　314
华中五味子　23
滑皮柯　133
化香树　147
画眉草　359
桦木科　126
桦叶葡萄　229
槐　76
黄常山　87
黄丹木姜子　28
黄花倒水莲　164
黄金凤　302
黄荆　274
黄毛楤木　112
黄牛奶树　95
黄泡　55
黄山杜鹃　195
黄山栾树　245
黄山木兰　16
黄山松　3
黄山蟹甲草　320
黄檀　76
黄杨　121
黄杨科　121
黄樟　33

灰背清风藤　246
灰柯　137
灰毛蛇葡萄　232
灰叶稠李　67
火棘　42

J

鸡桑　155
鸡仔木　262
鸡爪槭　251
吉安悬钩子　58
棘茎楤木　111
挤果树参　107
戟叶蓼　300
蓟　322
檵木　116
加拿大杨　124
加杨　124
夹竹桃科　261
荚蒾　270
假地枫皮　21
尖萼毛柃　184
剪股颖　357
剪红纱花　298
渐尖粉花绣线菊　39
箭竹　283
江南花楸　50
江南马先蒿　333
江南桤木　126
江南山柳　192
江南越橘　205
江西杜鹃　194
江西满树星　210
交让木　123
角花乌蔹莓　312
节节草　338

节肢蕨　290
睫毛萼凤仙花　302
金发藓科　288
金缕梅　118
金缕梅科　113
金丝桃科　307
金粟兰科　242
金县芒　355
金叶含笑　17
金银花　267
金樱子　52
堇菜科　295
京梨猕猴桃　190
旌节花科　120
景天科　295
九华蒲儿根　318
桔梗科　332
菊科　318
榉树　149
具柄冬青　216
卷柏科　289
蕨　289
蕨科　289
蕨状薹草　349

K

壳斗科　127
空心泡　62
苦苣苔科　333
苦枥木　258
苦木科　242
苦槠　131
宽伞变种　320
宽叶粗榧　9
阔叶蜡莲绣球　85
阔叶猕猴桃　192

阔叶十大功劳　278

L

蜡瓣花　117
蜡莲绣球　85
蜡梅　68
蜡梅科　68
楝木　103
兰科　345
蓝果树　105
蓝果树科　105
榄绿粗叶木　263
狼尾花　331
榔榆　148
老鼠矢　97
乐昌含笑　18
了哥王　160
雷公鹅耳枥　126
雷公藤　223
类头状花序薹草　351
黎川悬钩子　61
李　63
栗　142
楝科　243
楝叶吴萸　240
两面针　239
亮叶桦　127
亮叶蜡梅　69
亮叶崖豆藤　77
蓼科　299
林荫千里光　318
林泽兰　325
檩木　66
柃叶连蕊茶　180
流苏子　265
柳叶菜科　303

龙胆科　329
芦苇　366
庐山景天　295
庐山楼梯草　312
鹿角杜鹃　200
鹿角锥　129
轮叶蒲桃　207
轮叶沙参　332
罗浮槭　253
罗浮柿　238
罗浮锥　132
罗汉松　8
罗汉松科　7
罗伞树　234
萝藦科　316
椤木石楠　44
络石　261
落叶木莲　13
绿冬青　218
绿叶胡枝子　79

M

麻梨　48
麻栎　144
马鞭草科　271
马尾松　3
马银花　199
麦冬　340
满山红　198
满树星　210
曼青冈　141
蔓胡颓子　225
芒　355
莽草　21
莽山绣球　83
猫儿刺　211

毛豹皮樟　28
毛冬青　215
毛秆野古草　352
毛茛科　291
毛桂　34
毛花猕猴桃　191
毛木半夏　225
毛葡萄　229
毛瑞香　161
毛竹　283
毛锥　128
茅膏菜科　297
茅栗　143
梅　63
美丽胡枝子　80
美丽马醉木　202
美叶柯　135
孟加拉野古草　354
猕猴桃科　189
米饭花　205
米心水青冈　128
米槠　130
密花树　237
密序野古草　354
绵柯　137
闽赣长蒴苣苔　334
闽楠　36
魔芋　342
牡蒿　324
木荷　182
木荚红豆　75
木姜叶柯　136
木蜡树　249
木兰科　12
木莲　12
木莓　57
木通科　275

木犀　258
木犀科　258
木油桐　174
木竹子　206

N

南方红豆杉　10
南方铁杉　2
南岭栲　128
南岭前胡　313
南岭山矾　96
南酸枣　247
南天竹　278
南五味子　22
南烛　204
闹羊花　197
尼泊尔蓼　299
尼泊尔鼠李　226
拟榕叶冬青　217
女贞　259

P

刨花润楠　38
披针叶胡颓子　224
披针叶茴香　21
葡萄科　228, 312
朴树　150

Q

七叶树科　255
桤叶树科　192
漆姑草　297
漆树科　247
槭树科　249

千屈菜科　279
茜草科　262, 317
蔷薇科　39, 308
琴叶榕　153
青冈　137
青灰叶下珠　172
青荚叶　100
青钱柳　146
青檀　151
青榨槭　252
清风藤科　245
清香藤　261
全缘红山茶　179
全缘叶栾树　245
缺萼枫香树　114

R

忍冬　267
忍冬科　267
任豆　71
日本杜英　169
日本柳杉　4
日本薯蓣　345
日本五月茶　171
绒毛润楠　36
榕叶冬青　217
柔毛堇菜　295
乳源木莲　13
软荚红豆　74
软条七蔷薇　52
锐尖山香圆　256
瑞香科　160

S

赛山梅　92

三花冬青　218
三花悬钩子　62
三尖杉　8
三尖杉科　8
三角叶风毛菊　326
三脉紫菀　320, 321
三桠乌药　30
三叶木通　275
三叶委陵菜　308
伞房荚蒾　269
伞形科　313
桑　155
桑科　151
莎草科　349
山苍子　26
山茶　179
山茶科　179
山杜英　168
山矾　96
山矾科　93
山合欢　73
山胡椒　29
山槐　73
山檀　30
山蜡梅　69
山龙眼科　161
山莓　58
山梅花　83
山梅花科　82
山桐子　159
山乌桕　177
山樱花　64
山油麻　149
山皂荚　71
山茱萸　103
山茱萸科　99
杉科　4

少蕊败酱　317
少叶黄杞　147
蛇含委陵菜　309
蛇莓　309
射干　344
深山含笑　18
省沽油科　255
十字花科　294
十字薹草　349
石斑木　47
石笔木　181
石菖蒲　344
石灰花楸　51
石栎　132
石芒草　353
石楠　44
石岩枫　174
石竹科　297
柿树科　237
鼠刺　88
鼠刺科　88
鼠李科　226
鼠尾粟　366
薯豆　169
薯蓣科　345
树参　106
栓叶安息香　90
双蝴蝶　330
水龙骨科　290
水马桑　268
水青冈　127
水杉　4
水丝梨　119
水松　5
水团花　262
水榆花楸　50
四川溲疏　82

松科 2
苏木科 69
粟草 361
酸味子 171
算盘子 173
穗花杉 11

T

台湾剪股颖 356
台湾林檎 49
台湾榕 152
檀香科 224
汤饭子 270
桃金娘科 207
桃叶珊瑚 101
藤构 157
藤黄科 206
蹄盖蕨科 290
天南星 343
天南星科 342
天女木兰 15
天师栗 255
天台阔叶槭 249
天仙果 153
甜茅 362
甜楮 130
条穗薹草 350
铁冬青 213
铁山矾 97
挺茎遍地金 307
通脱木 107
秃瓣杜英 168
土当归 315
土牛膝 301
团花山矾 98
陀螺果 89

橐吾 327

W

网络崖豆藤 78
网脉酸藤子 236
微糙变种 321
微毛柃 186
尾叶那藤 277
尾叶悬钩子 61
尾叶樱桃 65
卫矛科 219
蚊母树 118
乌饭树 204
乌冈栎 143
乌桕 178
乌蔹莓 233
乌楣栲 129
乌药 32
无梗越橘 205
无患子 244
无患子科 244
无毛粉花绣线菊 40
无毛小果叶下珠 172
无腺灰白毛莓 56
吴茱萸五加 108
梧桐 166
梧桐科 166
五加科 106
五节芒 356
五加科 106
五裂槭 251
五岭龙胆 329
五味子科 22
五月茶 171
五月瓜藤 277
武功山冬青 212
武功山矾 99

武功山岩荠 294
武夷花楸 51

X

西南水芹 316
西南卫矛 220
西域旌节花 120
喜马旌节花 120
喜马拉雅珊瑚 102
喜树 105
细齿马铃苣苔 334
细风轮菜 336
细野麻 311
细叶卷柏 289
细叶青冈 139
狭穗阔蕊兰 346
狭叶菜豆 310
狭叶海桐 163
狭叶求米草 363
下田菊 326
夏枯草 335
夏飘拂草 351
显齿蛇葡萄 231
显脉冬青 213
显柱南蛇藤 222
苋科 301
线萼金花树 208
腺柄山矾 98
腺萼马银花 199
腺萼悬钩子 60
腺茎柳叶菜 303
腺叶桂樱 68
香椿 243
香冬青 215
香港四照花 101
香果树 263

香槐 75
香青 319
香丝草 328
香叶树 31
香樟 32
湘椴 165
湘楠 35
箱根野青茅 360
小檗科 278
小二仙草 304
小二仙草科 304
小构树 157
小果冬青 209
小果南烛 202
小果蔷薇 53
小果山龙眼 161
小果珍珠花 202
小蜡 259
小连翘 307
小叶白辛树 90
小叶栎 144
小叶女贞 260
小叶青冈 140
小叶石楠 46
小柱悬钩子 59
心叶帚菊 327
新木姜子 24
新宁新木姜子 24
星毛鹅掌柴 109
星毛鸭脚木 109
杏叶沙参 332
秀丽栲 129
秀丽槭 250
秀丽四照花 100
绣球花科 83, 308
锈毛莓 54
萱草 341

玄参科 280, 333	野珠兰 41	圆叶豹皮樟 27	中华卫矛 220
荨麻科 311	叶萼山矾 95	圆锥柯 134	中华绣线菊 41
蕈树 115	腋毛泡花树 247	圆锥绣球 84	钟花樱桃 64
	一把伞南星 342	远志科 163	周毛悬钩子 57
Y	一枝黄花 328	越橘科 203	皱皮木瓜 43
	宜昌荚蒾 269	越南安息香 91	朱砂根 235
鸦椿卫矛 221	宜昌润楠 37	云锦杜鹃 195	朱砂藤 316
鸭公树 26	宜章山矾 98	云山八角枫 104	珠光香青 319
鸭跖草 338	异色猕猴桃 190	云山青冈 139	竹柏 7
鸭跖草科 338	异叶地锦 230	云实 69	竹叶花椒 239
崖花海桐 162	异叶黄鹌菜 323	芸香科 239, 313	锥栗 142
崖爬藤 233	异叶梁王茶 108		髭脉桤叶树 193
盐肤木 248	异叶爬山虎 230	**Z**	紫弹朴 150
菴耳柯 133	阴地唐松草 291		紫萼 340
扬子毛茛 292	茵芋 241	皂荚 70	紫果蔺 350
羊踯躅 197	银木荷 182	泽兰 325	紫果槭 252
杨柳科 124	银鹊树 255	贼小豆 310	紫花含笑 19
杨梅 125	银杏 2	柞木 159	紫花前胡 315
杨梅科 125	银杏科 2	獐牙菜 329	紫金牛科 234
杨梅叶蚊母树 119	银叶柳 124	樟科 24	紫茎 183
杨桐 187	银钟花 88	樟树 32	紫芒 354
野百合 341	樱桃 66	樟叶槭 254	紫楠 35
野大豆 81	迎春樱桃 65	爪哇唐松草 291	紫萁 288
野灯心草 347	罂椒树 255	浙江柿 237	紫萁科 288
野古草 352	映山红 198	珍珠莲 154	紫藤 78
野含笑 19	硬壳柯 136	知风草 359	紫薇 279
野花椒 240	硬叶小金发藓 288	芷江石楠 47	紫竹 284
野豇豆 310	油点草 339	枳 241	棕榈 281
野菊 323	油桐 173	枳椇 227	棕榈科 281
野茉莉 91	俞藤 231	中国繁缕 298	棕叶狗尾草 365
野牡丹科 208, 305	愉悦蓼 301	中国旌节花 120	总梗女贞 260
野漆树 248	榆科 148	中国绣球 84	钻地风 86
野山楂 42	玉兰 16	中华栝楼 305	醉鱼草 257
野柿 238	玉叶金花 266	中华猕猴桃 191	醉鱼草科 257
野桐 176	鸢尾科 344	中华槭 250	
野鸦椿 256	圆果雀稗 362	中华石楠 46	

拉丁名索引

A

Acanthopanax evodiaefolius　108
Acanthopanax henryi　110
Acer amplum var. tientaiense　249
Acer cinnamomifolium　254
Acer cordatum　252
Acer davidii　252
Acer elegantulum　250
Acer fabri　253
Acer fabri var. rubrocarpum　253
Acer oliverianum　251
Acer palmatum　251
Acer shahgszeense var. anfuense　254
Acer sinense　250
Aceraceae　249
Achyranthes asper　301
Acorus tatarinowii　344
Actinidia callosa var. discolor　190
Actinidia callosa var. henryi　190
Actinidia chinensis　191
Actinidia eriantha　191
Actinidia latifolia　192
Actinidia melanandra　189
Actinidia rubricaulis var. coriacea　189
Actinidiaceae　189
Adenophora hunanensis　332
Adenophora tetraphylla　332
Adenostemma lavenia　326
Adina pilulifera　262
Adinandra millettii　187

Aesculus wilsonii　255
Agrostis canina var. formosana　356
Agrostis matsumurae　357
Agrostis myriantha　357
Ailanthus altissima　242
Akebia trifoliata　275
Akebia trifoliata subsp. australis　276
Alangiaceae　104
Alangium chinense　104
Alangium kurzii var. handelii　104
Albizia julibrissin　73
Albizia kalkora　73
Alniphyllum fortunei　89
Alnus trabeculosa　126
Altingia chinensis　115
Amaranthaceae　301
Amentotaxus argotaenia　11
Amorphophallus rivieri　342
Ampelopsis bodinierei var. cinerea　232
Ampelopsis cantoniensis　232
Ampelopsis grossedentata　231
Anacardiaceae　247
Anaphalis margaritacea　319
Anaphalis sinica　319
Angelica decursiva　315
Anneslea fragrans　183
Annonaceae　23
Antidesma bunius　171
Antidesma japonicum　171
Apocynaceae　261
Aquifoliaceae　209

Araceae　342
Aralia armata　112
Aralia chinensis　111
Aralia decaisneana　112
Aralia echinocaulis　111
Araliaceae　106
Ardisia crenata　235
Ardisia crispa　235
Ardisia quinquegona　234
Arecaceae　281
Arisaema erubescens　342
Arisaema heterophyllum　343
Arisaema sikokianum var. serratum　343
Armeniaca mume　63
Artemisia japonica　324
Artemisia lactiflora　324
Arthromeris lehmanni　290
Arundinella anomala　352
Arundinella bengalensis　354
Arundinella hirta　352
Arundinella nepalensi　353
Arundinella setosa　353
Asclepiadaceae　316
Aster ageratoides var. laticorymbus　320
Aster ageratoides var. scaberulus　321
Aster baccharoides　321
Astilbe grandis　296
Athyriaceae　290
Athyrium niponicum　290
Aucuba chinensis　101
Aucuba himalaica　102

B

Balsaminaceae 302
Bauhinia glauca 72
Belamcanda chinensis 344
Berberidaceae 278
Berberis jiangxiensis var. *pulchella* 279
Berchemia floribunda 227
Betula luminifera 127
Betulaceae 126
Bidens pilosa 322
Blastus apricus 208
Boehmeria gracilis 311
Boenninghausenia albiflora 313
Bothrocaryum controversum 99
Bredia quadrangularis 208
Bretschneidera sinensis 257
Bretschneideraceae 257
Broussonetia kaempferi var. *australis* 157
Broussonetia kazinoki 157
Broussonetia papyrifera 156
Buddleja lindleyana 257
Buddlejaceae 257
Buxaceae 121
Buxus megistophylla 121
Buxus sinica 121

C

Caesalpinia decapetala 69
Caesalpiniaceae 69
Calanthe graciliflora 346
Callicarpa kwangtungensis 274
Callicarpa longipes 273
Calycanthaceae 68
Camellia euryoides 180
Camellia japonica 179
Camellia sinensis 180
Camellia subintegra 179
Campanulaceae 332
Camptotheca acuminata 105
Caprifoliaceae 267

Cardiandra moellendorffii 308
Carex cruciata 349
Carex filicina 349
Carex nemostachys 350
Carpinus viminea 126
Caryophyllaceae 297
Castanea henryi 142
Castanea mollissima 142
Castanea seguinii 143
Castanopsis carlesii 130
Castanopsis eyrei 130
Castanopsis fabri 132
Castanopsis fordii 128
Castanopsis jucunda 129
Castanopsis lamontii 129
Castanopsis sclerophylla 131
Castanopsis tibetana 131
Cayratia corniculata 312
Cayratia japonica 233
Celastraceae 219
Celastrus aculeatus 223
Celastrus hypoleucus 222
Celastrus stylosus 222
Celtis biondii 150
Celtis sinensis 150
Cephalotaxaceae 8
Cephalotaxus fortunei 8
Cephalotaxus oliveri 9
Cephalotaxus sinensis var. *latifolia* 9
Cerasus campanulata 64
Cerasus dielsiana 65
Cerasus discoidea 65
Cerasus pseudocerasus 66
Cerasus serrulata 64
Cercis glabra 72
Chaenomeles speciosa 43
Chimonanthus nitens 69
Chimonanthus praecox 68
Chimonobambusa quadrangularis 285
Chloranthaceae 242
Choerospondias axillaris 247
Cinnamomum appelianum 34

Cinnamomum austrosinense 34
Cinnamomum camphora 32
Cinnamomum micranthum 33
Cinnamomum porrectum 33
Circaea erubescens 304
Cirsium japonicum 322
Cladrastis wilsonii 75
Clerodendrum bungei 271
Clerodendrum mandarinorum 272
Clerodendrum trichotomum 272
Clethra barbinervis 193
Clethra cavaleriei 192
Clethra cavaleriei var. *leptophylla* 193
Clethraceae 192
Cleyera japonica 188
Cleyera pachyphylla 188
Clinopodium chinense 336
Clinopodium gracile 336
Clusiaceae 206
Cochlearia hui 294
Commelina communis 338
Commelina diffusa 338
Commelinaceae 338
Compositae 318
Conyza bonariensis 328
Coptosapelta diffusa 265
Cornaceae 99
Cornus officinalis 103
Corylopsis sinensis 117
Crassulaceae 295
Crataegus cuneata 42
Cruciferae 294
Cryptomeria japonica 4
Cucurbitaceae 305
Cudrania cochinchinensis 158
Cupressaceae 6
Cupressus funebris 6
Cyclobalanopsis fleuryi 138
Cyclobalanopsis gilva 140
Cyclobalanopsis glauca 137
Cyclobalanopsis gracilis 139
Cyclobalanopsis jenseniana 138

Cyclobalanopsis multinervis　141
Cyclobalanopsis myrsinaefolia　140
Cyclobalanopsis oxyodon　141
Cyclobalanopsis sessilifolia　139
Cyclocarya paliurus　146
Cynanchum officinale　316
Cyperaceae　349
Cyrtococcum patens　364

D

Dalbergia hupeana　76
Damnacanthus giganteus　264
Daphne kiusiana var. *atrocaulis*　161
Daphniphyllaceae　123
Daphniphyllum macropodum　123
Daphniphyllum oldhami　123
Dendranthema indicum　323
Dendrobenthamia elegans　100
Dendrobenthamia hongkongensis　101
Dendropanax confertus　107
Dendropanax dentiger　106
Deutzia setchuenensis　82
Deyeuxia hakonensis　360
Deyeuxia hupehensis　360
Dichroa febrifuga　87
Didymocarpus heucherifolius　334
Dioscorea japonica　345
Dioscoreaceae　345
Diospyros glaucifolia　237
Diospyros kaki var. *sylvestris*　238
Diospyros morrisiana　238
Diplospora dubia　264
Distylium myricoides　119
Distylium racemosum　118
Drosera peltata var. *glabrata*　297
Droseraceae　297
Duchesnea indica　309

E

Ebenaceae　237

Ehretia longiflora　271
Ehretiaceae　271
Elaeagnaceae　224
Elaeagnus courtoisi　225
Elaeagnus glabra　225
Elaeagnus lanceolata　224
Elaeocarpaceae　167
Elaeocarpus chinensis　169
Elaeocarpus decipiens　167
Elaeocarpus duclouxii　167
Elaeocarpus glabripetalus　168
Elaeocarpus japonicus　169
Elaeocarpus sylvestris　168
Elatostema stewardii　312
Embelia rudis　236
Emmenopterys henryi　263
Engelhardia fenzelii　147
Enkianthus chinensis　201
Enkianthus serrulatus　201
Epilobium brevifolium subsp. *trichoneurum*　303
Epilobium pyrricholophum　303
Eragrostis ferruginea　359
Eragrostis pilosa　359
Ericaceae　194
Erythroxylaceae　170
Erythroxylum sinensis　170
Eucommia ulmoides　158
Eucommiaceae　158
Euonymus euscaphis　221
Euonymus fortunei　219
Euonymus hamiltonianus　220
Euonymus myrianthus　219
Euonymus nitidus　220
Eupatorium japonicum　325
Eupatorium lindleyanum　325
Euphorbiaceae　171
Eurya acutisepala　184
Eurya brevistyla　185
Eurya hebeclados　186
Eurya muricata　185
Eurya weissiae　184

Euscaphis japonica　256
Exbucklandia tonkinensis　113

F

Fagaceae　127
Fagus engleriana　128
Fagus longipetiolata　127
Fargesia spathacea　283
Ficus erecta var. *beecheyana*　153
Ficus formosana　152
Ficus hirta　151
Ficus pandurata　153
Ficus pumila　154
Ficus sarmentosa var. *henryi*　154
Ficus variolosa　152
Fimbristylis aestivalis　351
Firmiana platanifolia　166
Fissistigma oldhamii　23
Flacourtiaceae　159
Fokienia hodginsii　7
Fordiophyton fordii　306
Fraxinus insularis　258

G

Garcinia multiflora　206
Gaultheria leucocarpa var. *erenulata*　203
Gentiana davidii　329
Gentianaceae　329
Gesneriaceae　333
Ginkgo biloba　2
Ginkgoaceae　2
Gleditsia japonica　71
Gleditsia sinensis　70
Glochidion puberum　173
Glyceria acutiflora subsp. *japonica*　362
Glycine soja　81
Glyptostrobus pensilis　5
Goodyera schlechtendaliana　347
Gramineae　282, 352
Grewia biloba　166

Gymnocladus chinensis 70

H

Halesia macgregorii 88
Haloragidaceae 304
Haloragis micrantha 304
Hamamelidaceae 113
Hamamelis mollis 118
Hedera nepalensis var. *sinensis* 106
Hedyotis mellii 317
Heleocharis atropurpurea 350
Helicia cochinchinensis 161
Helwingia japonica 100
Hemerocallis fulva 341
Hippocastanaceae 255
Holboellia angustifolia 277
Hosta ventricosa 340
Hovenia acerba 227
Hovenia dulcis 228
Hydrangea chinensis 84
Hydrangea mangshanensis 83
Hydrangea paniculata 84
Hydrangea strigosa 85
Hydrangea strigosa var. *macrophylla* 85
Hydrangeaceae 83, 308
Hypericaceae 307
Hypericum elodeoides 307
Hypericum erectum 307

I

Idesia polycarpa 159
Ilex aculeolata 210
Ilex asprella 209
Ilex chinensis 216
Ilex cornuta 211
Ilex editicostata 213
Ilex ficoidea 217
Ilex kiangsiensis 210
Ilex kwangtungensis 214

Ilex latifolia 214
Ilex lohfauensis 212
Ilex micrococca 209
Ilex pedunculosa 216
Ilex pernyi 211
Ilex pubescens 215
Ilex rotunda 213
Ilex subficoidea 217
Ilex triflora 218
Ilex viridis 218
Ilex wugonshanensis 212
Ilex suaveolens 215
Illiciaceae 21
Illicium jiadifengpi 21
Illicium lanceolatum 21
Impatiens blepharosepala 302
Impatiens siculifer 302
Iridaceae 344
Isachne dispar 365
Itea chinensis 88
Iteaceae 88

J

Jasminum lanceolarium 261
Juglandaceae 146
Juglans cathayensis var. *formosana* 148
Juncaceae 347
Juncus alatus 348
Juncus effusus 348
Juncus setchuensis 347
Juniperus formosana 6

K

Kadsura coccinea 22
Kadsura longipedunculata 22
Kalopanax septemlobus 113
Kerria japonica 54
Koelreuteria bipinnata 244
Koelreuteria bipinnata var.

  integrifoliola 245

L

Labiatae 335
Lagerstroemia indica 279
Lardizabalaceae 275
Lasianthus japonicus var.
  lancilimbus 263
Lauraceae 24
Laurocerasus phaeosticta 68
Lespedeza bicolor 79
Lespedeza buergeri 79
Lespedeza davidi 80
Lespedeza formosa 80
Ligularia sibirica 327
Ligustrum lucidum 259
Ligustrum pricei 260
Ligustrum quihoui 260
Ligustrum sinense 259
Liliaceae 339
Lilium brownii 341
Lindera aggregata 32
Lindera communis 31
Lindera erythrocarpa 29
Lindera glauca 29
Lindera megaphylla 31
Lindera obtusiloba 30
Lindera reflexa 30
Liquidambar acalycina 114
Liquidambar formosana 114
Liriodendron chinense 12
Lithocarpus calophyllus 135
Lithocarpus cleistocarpus 135
Lithocarpus glaber 132
Lithocarpus haipinii 133
Lithocarpus hancei 136
Lithocarpus harlandii 134
Lithocarpus henryi 137
Lithocarpus litseifolius 136
Lithocarpus paniculatus 134

Lithocarpus skanianus 133
Litsea coreana var. *lanuginosa* 28
Litsea coreana var. *sinensis* 27
Litsea cubeba 26
Litsea elongata 28
Litsea rotundifolia var. *oblongifolia* 27
Lolium multiflorum 358
Lolium perenne 358
Lonicera acuminata 267
Lonicera hypoglauca 268
Lonicera japonica 267
Lophatherum gracile 361
Loropetalum chinense 116
Loropetalum chinense var. *rubrum* 116
Lychnis senno 298
Lyonia ovalifolia var. *elliptica* 202
Lysimachia barystachys 331
Lysimachia clethroides 330
Lythraceae 279

M

Machilus ichangensis 37
Machilus leptophylla 37
Machilus pauhoi 38
Machilus thunbergii 38
Machilus velutina 36
Macropanax rosthornii 110
Maesa japonica 234
Magnolia cylindrica 16
Magnolia denudata 16
Magnolia grandiflora 17
Magnolia officinalis 14
Magnolia officinalis subsp. *biloba* 15
Magnolia sargentiana 14
Magnolia sieboldii 15
Magnoliaceae 12
Mahonia bealei 278
Mallotus apelta 175
Mallotus paniculatus 176
Mallotus philippiensis 175

Mallotus repandus 174
Mallotus tenuifolius 176
Malus doumeri 49
Malus hupehensis 49
Manglietia dccidua 13
Manglietia fordiana 12
Manglietia yuyuanensis 13
Melastomataceae 208, 305
Meliaceae 243
Meliosma oldhamii 246
Meliosma rhoifolia var. *barbulata* 247
Melliodendron xylocarpum 89
Menispermaceae 293
Mentha haplocalyx 335
Metasequoia glyptostroboides 4
Michelia chapensis 18
Michelia crassipes 19
Michelia figo 20
Michelia foveolata 17
Michelia maudiae 18
Michelia skinneriana 19
Microtropis fokienensis 221
Milium effusum 361
Millettia nitida 77
Millettia nitida var. *hirsutissima* 77
Millettia reticulate 78
Mimosaceae 73
Miscanthus floridulus 356
*Miscanthus jinxianensi*s 355
Miscanthus purpurascens 354
Miscanthus sinensis 355
Moraceae 151
Morus alba 155
Morus australis 155
Morus cathayana 156
Mucuna sempervirens 81
Mussaenda macrophylla 266
Mussaenda pubescens 266
Myrica rubra 125
Myricaceae 125
Myrsinaceae 234

Myrsine stolonifera 236
Myrtaceae 207

N

Nagieia nagi 7
Nandina domestica 278
Neolitsea aurata 24
Neolitsea chuii 26
Neolitsea confertifolia 25
Neolitsea levinei 25
Neolitsea shingningensis 24
Nothopanax davidii 108
Nyssa sinensis 105
Nyssaceae 105

O

Oenanthe dielsii 316
Oleaceae 258
Onagraceae 303
Ophiopogon japonicus 340
Oplismenus undulatifolius var.
 imbecillis 363
Orchidaceae 345
Oreocharis auricula 333
Oreocharis auricula var. *denticulata* 334
Ormosia henryi 74
Ormosia semicastrata 74
Ormosia xylocarpa 75
Osbeckia opipara 306
Osmanthus fragrans 258
Osmunda japonica 288
Osmundaceae 288

P

Pachysandra terminalis 122
Padus buergeriana 66
Padus grayana 67
Padus napaulensis 67

Papilionaceae 74, 310
Parasenecio hwangshanicus 320
Parthenocissus dalzielii 230
Parthenocissus feddei 230
Paspalum orbiculare 362
Patrinia monandra 317
Paulownia fortunei 280
Pedicularis henryi 333
Peristylus densus 346
Pertya cordifolia 327
Peucedanum longshengense 313
Peucedanum medicum 314
Peucedanum praeruptorum 314
Philadelphaceae 82
Philadelphus incanus 83
Philadelphus sericanthus var. *kulingensis* 82
Phoebe bournei 36
Phoebe hunanensis 35
Phoebe sheareri 35
Photinia beauverdiana 46
Photinia davidsoniae 44
Photinia glabra 45
Photinia parvifolia 46
Photinia prunifolia var. *denticulata* 45
Photinia serrulata 44
Photinia zhijiangensis 47
Phragmites australis 366
Phyllanthus glaucus 172
Phyllanthus reticulatus var. *glaber* 172
Phyllostachys eduli 'Heterocycla' 282
Phyllostachys edulis 283
Phyllostachys heterocycla 'Tao Kiang' 282
Phyllostachys nigra 284
Pieris formosa 202
Pilea sinofasciata 311
Pileostegia viburnoides 87
Pinaceae 2
Pinus massoniana 3
Pinus taiwanensis 3
Pittosporaceae 162

Pittosporum glabratum var. *neriifolium* 163
Pittosporum illicioides 162
Pittosporum tobira 162
Plantaginaceae 331
Plantago asiatica 331
Platycarya strobilacea 147
Pleione bulbocodioides 345
Podocarpaceae 7
Podocarpus macrophyllus 8
Pogonatum neesii 288
Polygala arillata 163
Polygala fallax 164
Polygala latouchei 164
Polygalaceae 163
Polygonaceae 299
Polygonum jucundum 301
Polygonum nepalense 299
Polygonum runcinatum var. *sinense* 299
Polypodiaceae 290
Polytrichaceae 288
Poncirus trifoliata 241
Populus × *canadensis* 124
Potentilla freyniana 308
Potentilla kleiniana 309
Potygonum thunbergii 300
Premna microphylla 273
Primulaceae 330
Proteaceae 161
Prunella vulgaris 335
Prunus salicina 63
Pseudotaxus chienii 11
Pteridiaceae 289
Pteridium aquilinum var. *latiusculum* 289
Pterocarya stenoptera 146
Pteroceltis tatarinowii 151
Pterostyrax corymbosus 90
Pyracantha fortuneana 42
Pyrularia sinensis 224
Pyrus calleryana 48
Pyrus serrulata 48

Q

Quercus acutissima 144
Quercus chenii 144
Quercus fabri 145
Quercus glandulifera var. *brevipetiolata* 145
Quercus phillyraeoides 143

R

Ranunculaceae 291
Ranunculus sieboldii 292
Ranunculus silerifolius 293
Rapanea neriifolia 237
Raphiolepis indica 47
Reynoutria japonica 300
Rhamnaceae 226
Rhamnus crenata 226
Rhamnus napalensis 226
Rhododendron bachii 199
Rhododendron faithae 194
Rhododendron fortunei 195
Rhododendron haofui 196
Rhododendron hypoblematosum 197
Rhododendron kiangsiense 194
Rhododendron latouchae 200
Rhododendron maculiferum subsp. *anhweiense* 195
Rhododendron mariesii 198
Rhododendron molle 197
Rhododendron ovatum 199
Rhododendron simiarum 196
Rhododendron simsii 198
Rhododendron stamineum 200
Rhus chinensis 248
Roegneria kamoji 363
Rorippa indica 294
Rosa cymosa 53
Rosa henryi 52
Rosa laevigata 52
Rosa multiflora var. *cathayensis* 53

Rosaceae 39, 308
Rubiaceae 262, 317
Rubus alceaefolius 55
Rubus amphidasys 57
Rubus caudifolius 61
Rubus columellaris 59
Rubus corchorifolius 58
Rubus crassifolius 60
Rubus glandulosocalycinus 60
Rubus innominatus 59
Rubus lambertianus 56
Rubus lichuanensis 61
Rubus pectinellus 55
Rubus reflexus 54
Rubus rosaefolius 62
Rubus sempervirens 58
Rubus swinhoei 57
Rubus tephrodes var. *ampliflorus* 56
Rubus trianthus 62
Rutaceae 239, 313

S

Sabia campanulata subsp. *ritchieae* 245
Sabia discolor 246
Sabiaceae 245
Sagina japonica 297
Salicaceae 124
Salix chienii 124
Salix dunnii 125
Salvia cavaleriei 337
Santalaceae 224
Sapindaceae 244
Sapindus mukorossi 244
Sapium atrobadiomaculatum 178
Sapium discolor 177
Sapium japonicum 177
Sapium sebiferum 178
Saposhnikovia divaricata 315
Sarcandra glabra 242
Sarcococca orientalis 122
Sarcopyramis nepalensis 305

Sargentodoxa cuneata 275
Sargentodoxaceae 275
Sassafras tzumu 39
Saussurea deltoidea 326
Saxifragaceae 296
Schefflera minutistellata 109
Schefflera octophylla 109
Schima argentea 182
Schima superba 182
Schisandra sphenanthera 23
Schisandraceae 22
Schizophragma hydrangeoides f. *sinicum* 86
Schizophragma integrifolium 86
Scirpus subcapitatus 351
Scrophulariaceae 280, 333
Sedum lineare 296
Sedum lushanense 295
Selaginella labordei 289
Selaginellaceae 289
Semiliquidambar cathayensis 115
Senecio nemorensis 318
Setaria palmifolia 365
Simaroubaceae 242
Sinoadina racemosa 262
Sinosenecio jiuhuashanicus 318
Siphocranion nudipes 337
Skimmia reevesiana 241
Sloanea sinensis 170
Smilacaceae 280
Smilax nipponica 280
Smilax scobinicaulis 281
Solidago decurrens 328
Sophora japonica 76
Sorbus alnifolia 50
Sorbus amabilis var. *wuyishangensis* 51
Sorbus folgneri 51
Sorbus hemsleyi 50
Sphaerocaryum malaccense 364
Spiraea chinensis 41
Spiraea japonica var. *acuminata* 39
Spiraea japonica var. *fortunei* 40

Spiraea japonica var. *glabra* 40
Sporobolus fertilis 366
Stachyuraceae 120
Stachyurus chinensis 120
Stachyurus himalaicus 120
Staphyleaceae 255
Stauntonia crassipes 276
Stauntonia obovatifoliola subsp. *urophylla* 277
Stellaria chinensis 298
Stephanandra chinensis 41
Stephania epigaea 293
Sterculiaceae 166
Stewartia sinensis 183
Stranvaesia davidiana var. *undulata* 43
Styracaceae 88
Styrax confuses 92
Styrax faberi 92
Styrax japonicus 91
Styrax suberifolius 90
Styrax tonkinensis 91
Swertia bimaculata 329
Swida macrophplla 103
Swida wilsoniana 102
Sycopsis sinensis 119
Symplocaceae 93
Symplocos adenopus 98
Symplocos anomala 94
Symplocos chinensis 93
Symplocos confusa 96
Symplocos glomerata 98
Symplocos lancifolia 94
Symplocos laurina 95
Symplocos paniculata 93
Symplocos phyllocalyx 95
Symplocos pseudobarberina 97
Symplocos stellaris 97
Symplocos sumuntia 96
Symplocos wugongensis 99
Syzygium buxifolium 207
Syzygium grijsii 207

T

Tapiscia sinensis   255
Taxaceae   10
Taxodiaceae   4
Taxodium ascendens   5
Taxus chinensis   10
Taxus chinensis var. mairei   10
Ternstroemia gymnanthera   186
Ternstroemia kwangtugensis   187
Tetradium glabrifolium   240
Tetrapanax papyrifer   107
Tetrastigma obtectum   233
Thalictrum fortunei   292
Thalictrum javanicum   291
Thalictrum umbricola   291
Theaceae   179
Thymelaeaceae   160
Tilia endochrysea   165
Tilia tuan   165
Tiliaceae   165
Toona rubriflora   243
Toona sinensis   243
Toxicodendron succedaneum   248
Toxicodendron sylvestre   249
Trachelospermum jasminoides   261
Trachycarpus fortunei   281
Trema cannabina var. dielsiana   149
Trichosanthes rosthornii   305
Tricyrtis macropoda   339
Tripterospermum chinense   330
Tripterygium wilfordii   223
Tsoongiodendron odorum   20

Tsuga chinensis var. tchekiangensis   2
Turpinia arguta   256
Tutcheria championi   181
Tutcheria hirta   181

U

Ulmaceae   148
Ulmus parvifolia   148
Umbelliferae   313
Uncaria rhynchophylla   265
Urticaceae   311

V

Vacciniaceae   203
Vaccinium bracteatum   204
Vaccinium bracteatum var. rubellum   204
Vaccinium carlesii   203
Vaccinium henryi   205
Vaccinium japonicum var. sinicum   206
Vaccinium mandarinorum   205
Valerianaceae   317
Veratrum schindleri   339
Verbenaceae   271
Vernicia fordii   173
Vernicia montana   174
Viburnum corymbiflorum   269
Viburnum dilatatum   270
Viburnum erosum   269
Viburnum setigerum   270
Vigna minima   310
Vigna vexillata   310

Viola fargesii   295
Violaceae   295
Vitaceae   228, 312
Vitex negundo   274
Vitis betulifolia   229
Vitis davidii   228
Vitis heyneana   229

W

Weigela japonica var. sinica   268
Wikstroemia indica   160
Wikstroemia monnula   160
Wisteria sinensis   78

X

Xylosma racemosum   159

Y

Youngia heterophylla   323
Yua thomsoni   231

Z

Zanthoxylum armatum   239
Zanthoxylum nitidum   239
Zanthoxylum simulans   240
Zelkova serrata   149
Zenia insignis   71